U0127171

建筑杂话

[美] 张克群 —— 著

颐和园的犄角旮旯

机械工业出版社

CHINA MACHINE PRESS

本书通过清晰明了的讲解、生动诙谐的语言，解读颐和园的前世今生，探寻颐和园中的犄角旮旯，品读颐和园长廊画的故事，带您领略著名的皇家园林文化和艺术。本书包括历史渊源、昆明湖、万寿山和长廊画四部分内容，从清漪园到颐和园的发展变迁，从颐和园中建筑园林布局到美轮美奂的长廊画艺术，全面解读颐和园的历史、文化与建筑，使读者从中领略颐和园的独特魅力和丰厚的历史文化内涵。无论是对建筑感兴趣的人还是建筑从业者、导游人员、旅行爱好者，本书都能满足您的审美与文化需求，成为您闲暇时全面了解和欣赏颐和园的必备指南。

北京市版权局著作权合同登记　图字：01-2020-3789号。

图书在版编目（CIP）数据

颐和园的犄角旮旯 /（美）张克群著.—北京：机械工业出版社，2020.12

　　（杂话建筑）

ISBN 978-7-111-66535-9

Ⅰ.①颐…　Ⅱ.①张…　Ⅲ.①颐和园—园林建筑—建筑艺术　Ⅳ.①TU986.4

中国版本图书馆CIP数据核字（2020）第232161号

机械工业出版社（北京市百万庄大街22号　邮政编码100037）
策划编辑：时　颂　赵　荣　责任编辑：时　颂　赵　荣　于兆清
责任校对：李　伟　潘　蕊　封面设计：鞠　杨
责任印制：孙　炜
北京联兴盛业印刷股份有限公司印刷
2021年1月第1版第1次印刷
130mm×184mm·7.25印张·2插页·120千字
标准书号：ISBN 978-7-111-66535-9
定价：59.00元

电话服务　　　　　　　　　　网络服务
客服电话：010-88361066　　机 工 官 网：www.cmpbook.com
　　　　　010-88379833　　机 工 官 博：weibo.com/cmp1952
　　　　　010-68326294　　金 书 网：www.golden-book.com
封底无防伪标均为盗版　　　　机工教育服务网：www.cmpedu.com

102 ／ 子猷爱竹

104 ／ 西天取经

105 ／ 巧施连环计

106 ／ 张良进履

108 ／ 三顾茅庐

110 ／ 夜战马超

111 ／ 大闹朱仙镇

113 ／ 麻姑献寿

114 ／ 牧童遥指杏花村

115 ／ 风雪山神庙

117 ／ 狐仙婴宁

119 ／ 画龙点睛

120 ／ 错泄机关

122 ／ 三碗不过冈

124 ／ 陶渊明爱菊

125 ／ 大闹野猪林

127 ／ 倒拔垂杨柳

129 ／ 六子闹弥勒

130 ／ 黄忠请战

132 ／ 裸衣斗马超

134 ／ 元春省亲

135 ／ 绝谷寻栈道

137 / 云萝公主

139 / 计破孙礼

140 / 奇兵袭陈仓

142 / 红玉之缘

143 / 张敞画眉

145 / 贤媳珊瑚

147 / 嫦娥奔月

148 / 漂母分食

150 / 归田乐

151 / 五子夺魁

152 / 太公钓鱼

154 / 米芾拜石

155 / 偷闲学少年

156 / 吹面不寒

157 / 江妃

158 / 义收姜维

160 / 无底洞

162 / 八卦图

163 / 松下问童子

164 / 水莽草

166 / 大战牛魔王

167 / 草船借箭

169 ／ 秦香莲

171 ／ 水淹七军

172 ／ 三借芭蕉扇

174 ／ 细柳教子

176 ／ 盗仙草

178 ／ 贫不卖书

179 ／ 打渔杀家（二）

180 ／ 枪挑小梁王

183 ／ 关羽斩卞喜

184 ／ 失徐州

186 ／ 义嫁孤女

188 ／ 刮骨疗毒

189 ／ 陆绩怀橘

191 ／ 西厢记

194 ／ 天女散花

195 ／ 竹林七贤

196 ／ 孔融让梨

198 ／ 黛玉焚诗

199 ／ 葛巾牡丹

201 ／ 尧王访舜

203 ／ 辕门射戟

204 ／ 斩蔡阳

206 / 三英战吕布

207 / 梅妻鹤子

208 / 飞索套宗保

210 / 过通天河

212 / 马跃檀溪

213 / 玉堂春

215 / 王佐断臂

217 / 吕布杀丁原

218 / 铡美案

220 / 张飞遇害

222 / **参考文献**

第一章 历史渊源

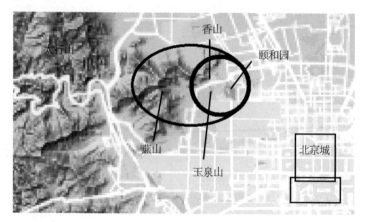

颐和园的地理位置图

　　颐和园在元朝根本就是一座小土堆和一个小破湖。为了说明这一点，我们先来看看颐和园所在的位置。

　　太行山在华北大平原里算是很高的山。太行山的主峰小五台山海拔2882米。到了东面的燕山就矮了不少。燕山的平均海拔只有600~1500米。香山又是燕山的余脉，就更矮了。香山主峰香炉峰，就是我们管它叫"鬼见愁"的，海拔才557米。再往东，还有个不高不矮的山，叫玉泉山。玉泉山比香山的大门又矮了些，海拔只有100米。再往东，就是颐和园的万寿山了。说是山，跟"老祖宗"一比，海拔也只有100米的万寿山充其量也就是个小土包而已。

　　从图中可以发现，颐和园处于山区和平原之间的缓冲地带。从燕山山脉流下来的水丰富了海淀区的水源。海淀区又养育了这个被历代皇家看中的宝地。

1. 清漪园之前

那会儿，万寿山这个名字还没有呢，这个基本荒着的小土包因为低矮，看着像个罐子，被称为瓮山。山的南面地势低洼的地带汇聚玉泉山诸泉眼的泉水，潴而成为一个大湖，名"瓮山泊"，也叫七里泊或大泊湖，因地处北京西郊，又被人们称为"西湖"。金朝贞元元年（1153年）金主完颜亮曾在这一带设置金山行宫。

瓮山泊是什么时候登上历史舞台的呢？那还要说是元朝初年。

成吉思汗，没人不知道吧，1206年他统一了蒙古各部落。1260年，成吉思汗的孙子忽必烈在元上都 ——开平（今内蒙古自治区锡林郭勒盟正蓝旗境内）即位。1264年忽必烈在解决了与其弟阿里不哥的汗位之争后，就惦记着迁都到相对暖和些的燕京地区。1267年，忽必烈正式定都燕京（1271年改称大都），改上都为陪都，作避暑行宫。

忽必烈本打算在金中都的遗址上新建都城。但刘秉忠率领学生郭守敬、赵秉温等经过考察后，认为这块地方水源不足，而且蒙古人跟金朝打仗时产生了大量的建筑垃圾，在没有推土机的年代，这些山一样的建筑垃圾根本搬不走。他们几个成功地劝忽必烈在以金中都东北方的地方新建都城，并改名叫大都。元大都的位置在今北京市市区，北至元大都城垣遗址公园，南至长安街一线，东西至北京东、西二环路。

元大都的人口是金中都的好几倍。靠着"永不定"的永定河，别说漕运了，连喝水都困难。忽必烈想到水的问题，急得正没辙呢，一人向忽必烈推荐说："我有个学生郭守敬，精通水利，巧思绝人。"

忽必烈听后，急着说："那就让他来见见我吧！"

忽必烈跟郭守敬一番长谈后，很赏识他，就封了他提举诸路河渠这一职务，也就是负责水利的官员。

至元二十八年（1291年），元大都建成已经15年了。这些年里，因水源不足，城里人饱受干渴之苦。已经60岁的郭守敬为此跑遍了北京的山山水水，最后，在北京北部，如今的昌平区找到一股山泉。他调集人力物力，动手开了一条新渠，引白浮泉水入渠。沿河修七道水闸，控制水量。然后，他把白浮泉水引入瓮山泊，再从这里由渠道从西直门（元代叫和义门）进入城里。这样，瓮山泊就成了为元大都供水工程里重要的中转站，蓄水池。

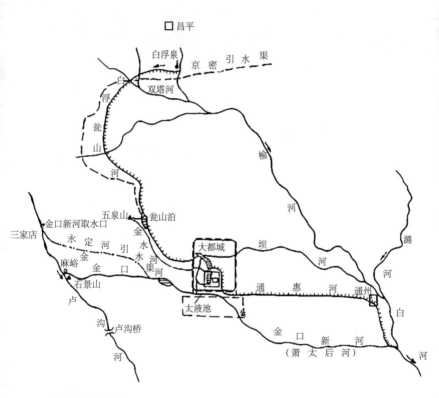

白浮泉引水图

颐和园东边的稻田

当时的瓮山一带是产稻米的好地方。因为玉泉山的水质好，稻米的质量就好。这就是给清朝皇帝特供的著名的京西稻。

那时的瓮山泊远没有今日的昆明湖那么大，而仅仅是一瘦长条。

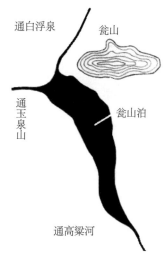

通白浮泉

瓮山

通玉泉山

瓮山泊

通高粱河

瓮山泊示意图

不过这里有山有水的，离着京城又近，逐渐被一些人看上了，在这里建了些小庙和园子。比较出名的是元朝的大承天护圣寺，这个寺建在瓮山的半山腰，风景极好，连元朝的皇帝们都经常上这儿避暑，一待就是好几天。元朝一代名臣耶律楚材的墓也建在这里。

明朝时，不知哪位皇帝觉着"瓮山泊"仨字不好听，给改成了"西湖"。在湖里种了荷花、蒲苇，湖边修筑了堤坝，附近也开辟了不少稻田。有文人曾称赞这里是"北国江南"。明弘治七年（1494年），明孝宗朱祐樘的乳母罗氏出资，在瓮山前建了一座庙，名圆静寺。据明人的描写，圆静寺"因岩而构，甃为石磴。游者拾级而上，山顶有屋曰雪洞，俯视湖曲，平田远村，绵亘无际……寺道门度石桥，大道通湖堤，门内半里许，从左小径登台，精兰十余。室之西，殿三楹，左右精舍一间，据山面湖"。听上去真是个好去处。春秋之际，这里成了京城人士郊游的著名景点。明武宗在湖滨修建行宫，称"好山园"，是供皇室成员遛弯的园林。明武宗、明神宗都曾在此泛舟游乐。明熹宗时，魏忠贤曾将"好山园"据为己有。但他们都没有对瓮山和湖泊进行什么大改大动。可惜后来荒废了。

清朝初年，瓮山、"西湖"周围的园林逐渐增多。有一位苏州来的文人甚至写诗赞美道"闲游宛似苏堤畔"。不过那个改名"西湖"的水面依然比较瘦小。

那么，"西湖"是什么时候"长胖"的呢？那是472年以后的事了。

2. 清漪园

乾隆是出了名的喜爱山水，直接的原因自然是遗传自把着手教他的爷爷康熙啦。当然，也是清朝到了他手里，汉人宾服了，三藩铲平了，台湾收复了，外敌也老实了，经济状况大有好转，一派歌舞升平景象。乾隆闲着没事，除了管管国事，就是写诗作画，到处游玩。

登基伊始，他就开始扩建圆明园，开辟了长春园、绮春园、熙春园、春熙院等四座附属园子。又把香山上比较简单的行宫扩建为静宜园，玉泉山的行宫扩建为静明园。

乾隆九年（1744年），折腾一够的乾隆决定喘口气。他钻在书房里冥思苦想，给圆明园的景点起名字。在编就了"圆明园四十景"后，他写了篇文章《圆明园后记》（之所以有个"后"字，皆因他爹已经写过一篇《圆明园记》了）。在这篇辞藻华丽的文章里，他除了赞美圆明园规模宏敞，丘壑幽深，草木清佳，楼殿巍峨，已达到皇家园林之登峰造极的程度之外，一高兴，还画蛇添足地加了句话，说是从此不再修建新的御苑了。还告诫子孙，要满足已有的园林，不要再耗费财力物力去修建新园子了。

在众人一片喝彩声中，乾隆确实是老实了几年。可就在1750年，全国正闹灾呢，水灾、旱灾外加雹子，西藏叛乱，使得乾隆整天忙于对付报告坏消息的折子。但是，39岁的乾隆确实精力过人。当年3月13号，他不知哪根筋一动，竟然颁布了一条跟救灾完全无关的上谕：把瓮山改名为"万寿山"，"西湖"改名"昆明湖"。大臣们在诧异之余，都私下议论着："瞧着吧，皇上又要动手修新园子啦！"

当然了，这话只能悄悄地说，谁也不敢公开指责皇上出尔反尔。具体干活的人当然就更不反对了：真要是不建新的园子，他们吃什么呀！于是瓮山那边半公开地开工了。这一干就是14年哪！乾隆二十九年（1764年），离着美国开始独立战争还有11年，清漪园完工了。乾隆倒还没忘以前自己说过的"不再建新园子"的话。为给自己找台阶下，写了一篇《万寿山清漪园记》。文章的大意是：不是我要食言，实在是这里的山水太美了，不建点儿什么，对不起老天爷（"既具湖山之胜概，能无亭台之点缀乎？"）。又说其实这也是为治水；更进一步解释清漪园的建筑都很朴素，花钱不多，而且所用费用都是自己掏的腰包，没敢动用国库。

要说乾隆这人还是不错的。皇帝想干的事还需要解释吗？可他对于修清漪园却心怀愧意，可见他是个好皇帝。而说到修水利，还真不全是托词。清朝经过康熙、雍正之后，经济好转，人口剧增。人们吃饱喝足之余，就该惦记游山玩水了。于是北京郊区的皇家园林、私家园林如雨后春笋般出现。随之而来的就是用水量大增。元朝郭守敬弄的水系如今已经不够用的了，再加上瓮山泊原有的堤坝年久失修，一下雨就塌方，淹坏附近农田无数。皇帝等着吃的京西稻还没上桌就在地里直接泡成粥了，这怎么行呢。于是从1749年，清漪园工程开工的前一年，朝廷对西北郊区的水系进行了大规模的整修。一方面寻找新的泉水水源，开挖渠道；另一方面把昆明湖挖大挖深，增加它的蓄水量。附带着把低矮破烂的堤坝也加固增高了。

酷爱江南园林的乾隆，为了找到他心仪的样本，开工的第二年，也就是1751年，不顾全国的灾害横行，在太后60寿辰的这个特殊年份，带着一家老小，包括皇太后，首次南巡去了。临走前，他对新园子的工程负责人丢下一句话："新园子就叫清漪园吧。"

随着一次又一次的南巡和向南方官员的咨询，模仿南方园林的清漪园渐渐有模有样了。

首先是昆明湖的形状。众人都说："上有天堂，下有苏杭。"天堂的样子是看不见的，苏杭就摆在眼前嘛。而且杭州的西湖天下闻名，有多少爱情故事在西湖边演绎啊。虽然1750年之前乾隆爷还没腾出工夫亲眼见见西湖，但他早就心神向往了。那首苏轼的《饮湖上初晴后雨》他肯定读过，"水光潋滟晴方好，山色空蒙雨亦奇。欲把西湖比西子，淡妆浓抹总相宜"把乾隆爷迷得不浅。他为当时已经很出名的画家董邦达的《西湖十景册》题写了一首长诗，也赞美西湖是"晴光两色无不宜"，字里行间感叹北方的皇家园林没有这样好的景致。（西湖十景为：苏堤春晓、曲院风荷、平湖秋月、断桥残雪、花港观鱼、南屏晚钟、双峰插云、雷峰夕照、三潭印月、柳浪闻莺）乾隆爷一拍板，昆明湖就照着西湖的蓝本干了。在清漪园施工的15年间，他三次去杭州，在西湖边流连忘返。可惜那时没有照相机，否则他还不得照它千八百张相片的！

北宋大词人柳永曾经用六个字形容西湖的美，"重（音"虫"）湖、叠巘（音"燕"）、清嘉"。意思是说西湖水是湖套湖，山为峦叠峦，大处小处均清雅可人。西湖北有孤山，西望群峦，山水相依，确实层次丰富。

如前所表，清漪园的建设，大量地模仿了南方著名园林，主要是杭州西湖、扬州瘦西湖等的景致。从湖泊的形状到许多细部，如昆明湖西堤和上面的六座桥、万寿山上的主体建筑群、昆明湖三岛、南湖中的凤凰墩、西堤南端的景明楼、清漪园东部的谐趣园、昆明湖西北的长条岛小西泠、万寿山南坡偏西的邵窝、后湖的买卖街乃至后山的藏庙须弥灵境等。

先说说昆明湖本身吧。昆明湖的天然条件跟西湖差不太多。除了气候不同之外，湖的北面也有一座小山：万寿山；西面也有群山：玉泉山、香山、燕山乃至太行山，可以借景。唯一不尽人意的是昆明湖本身太小。那就改大呗！反正皇帝有的是钱，有的是人！

整治工程设计得极其巧妙，往西扩张时，留下了西堤和两个岛，往东扩张时又留下一个岛。整治后的湖面面积比整治前大了几乎4倍。而且把湖水绕了万寿山一整圈。这样，就用万寿山后面新挖的这条后湖与西湖的北里湖对应起来了。

改造后的昆明湖和西湖虽因地形的缘故不能一模一样吧，不像亲姐妹俩，也跟堂姐妹差不多。

除了改造湖泊外，其实山体也有所改动。万寿山比较低矮，两厢也不够舒展。在挖湖的同时，把挖出来的土用在了增高万寿山和需要扩展的东半部上，既改造了山体，又不用运输渣土，真是一举两得啊。在扩大湖面时，也没忘记留出三块地方不挖，后来就成了三个湖心岛了。这样大的工程，光花乾隆的私房钱，那他也真够阔的啦！

整治前的昆明湖

整治后的昆明湖

昆明湖

西湖

我以前一直以为昆明湖里的那三个岛是人工堆的，因此总是担心什么时候雨水一大，把岛给冲跑了。现在终于放心了：敢情那三个岛不是人工堆的，而是挖湖的时候就留了三块地方没挖。也就是说，那三个岛是有根的。

为什么是三个岛呢？这里还有一个故事。

话说火神祝融跟水神共工不知为何打起来了，共工被祝融一个扫堂腿，差点儿绊了个跟头，歪歪斜斜地一脑袋撞上了"擎天柱"不周山。不周山一倒，天上立马现出一个大窟窿。女娲费了好大劲把这个窟窿给补上了，可不周山倒了，用什么东西来代替它撑着天呢？女娲看见一只大乌龟，觉得它的腿又粗又壮，代替不周山撑在天地之间挺合适，就不顾那乌龟背上还驮着蓬莱、方壶、瀛洲等三座仙山，愣把它一条腿给撅下来，拿它撑住了天。那三座仙山从此漂得不知去向。于是历代的皇帝总想着把这三座仙山给找回来。乾隆是明白人，知道与其费劲去找，不如自己造。这就有了昆明湖里的三个岛。

再来看看西堤六桥。清漪园昆明湖跟人家杭州西湖的形状虽不能太像，但细部还是可以尽量模仿的。最典型的就是西湖西面有一道堤坝，名苏堤。苏堤上有六座桥，由北向南依次是：跨虹、东浦、压堤、望山、锁澜、映波。

清漪园也弄了一道堤坝，堤坝叫西堤。也弄了六座桥，从北到南顺序是：柳桥、桑苎桥、玉带桥、镜桥、练桥、界湖桥。

应该说，西堤的这六座桥可比苏堤的那六座桥美太多了。我去杭州西湖时，根本没注意有什么桥。后来托朋友照相，朋友说六座桥几乎一样，就是普通的拱桥，一点不好看，就是名字很美而已，竟然没给我照。

可也是，苏堤上的桥是给老百姓走的，除了映波桥的桥洞有点造型外，其他的桥都跟界湖桥差不多一个样。而西堤六座桥是给皇帝修的，在美观上下了大功夫，这是苏堤六座桥所不能比的。

乾隆认为自己学西湖学得挺好。有一回在昆明湖坐船从玉带桥底下穿过，有感而发了一首诗，其中两句道出学西湖之决心和付诸实际后的开心："荡桨过来忽失笑，笑斯着相学西湖"。还有些句子，如"分明胜概西湖上""乍因缀景忆西湖""湖光设若拟西子"，都是乾隆在游清漪园时发表的感慨。显然，他的西湖情结在清漪园得到了极大的满足。不但写诗，他还让人把杭州西湖全景画在了长廊开头的邀月门上。

有了清漪园，再加上圆明园、香山的静明园，西山的风景区就很上规模了。

颐和园长廊入口邀月门

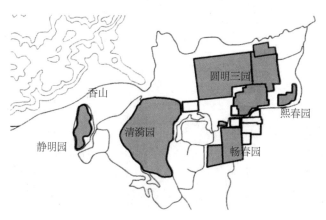

西山风景区

3. 颐和园

　　清朝道光年后，由于国力衰弱，宣布撤三山陈设，清漪园逐渐荒废。咸丰十年（1860年），清漪园被英法联军大火烧毁。

英法联军火烧清漪园

光绪十年至二十一年（1884—1895年），慈禧太后为退居休养，以光绪帝名义下令重建清漪园。由于经费有限，乃集中财力修复前山建筑群，并在昆明湖四周加筑围墙，改名颐和园，成为朝廷的离宫。光绪二十六年（1900年）园内建筑及文物又遭八国联军破坏，光绪二十八年（1902年）稍加修复。颐和园尽管大体上全面恢复了清漪园的景观，但很多地方在质量上有所下降。许多高层建筑由于经费的关系被迫减矮，尺度也有所缩小。如文昌阁城楼从三层减为两层，乐寿堂从重檐改为单檐。也有加高的建筑，如德和园大戏楼，这是因为慈禧太后爱看戏。

慈禧

德和园大戏楼

　　苏州街被焚毁后再也没有恢复。由于慈禧太后偏爱苏式彩画，许多房屋亭廊的彩画也由等级最高的和玺彩画改为苏式彩画，在细节上改变了清漪园的原貌。

　　宣统三年十二月二十五日溥仪退位，颐和园作为6岁毛孩子溥仪的私产，仍由清室内务府管理着。

　　由于皇家经费逐年短欠，清室财源日趋枯竭，为补贴园林的财政，1914年1月14日，清室内务府将颐和园改为售票参观，从5月6日开始正式对社会售票，用可怜巴巴的一点儿票务收入补贴园子的花费。

第二章 昆明湖

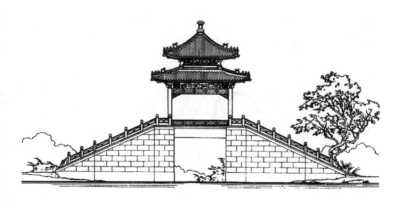

1.三岛+一岛

前面提到过，昆明湖里的三个岛是按照传说中一只大乌龟背上驮着的蓬莱、方壶、瀛洲三座仙山，在扩大湖面时预留的。不过名字改成了南湖岛（仿蓬莱）、治镜阁岛（仿瀛洲）、藻鉴堂岛（仿方壶）。

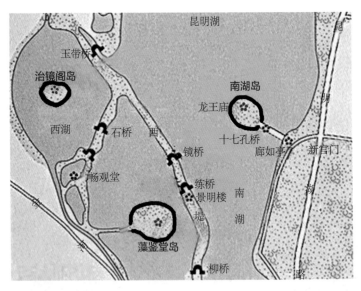

昆明湖三岛布局

这三个岛中，大家最熟悉的，也是我最喜欢的，要算是南湖岛，就是象征蓬莱的那个。南湖岛东西长120米，南北宽105米，几乎是个正圆形，像是水中的月亮。说是岛，可因为有座十七孔桥连着，每次从陆上过桥登岛时，浑然不觉那边是个孤岛。

岛上北部是一座小山包。小山包的最高处建有一座三层的望蟾阁。乾隆曾给此阁题诗曰："隔湖飞睇者，望此作蟾宫。"

远眺南湖岛与十七孔桥

龙王庙

　　岛的南部平地上建有一座龙王庙，这大家都知道，在一大片水域里有一座龙王庙，无论从哪方面讲，都是顺理成章。龙王庙，学名广润灵雨祠，是园中求雨之所。我从小到大不知去过多少次龙王庙了，高中毕业的那个暑假还沾了父亲的光，在龙王庙西面的小院子里住了一个星期，可惜老龙王的面容却一次也没见过。

但十七孔桥的设计，知道的人大概就不多了。此桥的设计者定是上知天文下知地理，竟然把桥的方位拿捏得如此之准，以至于在每年的冬至日，也就是太阳直射南回归线时，傍晚的太阳余晖正好照亮全部十七个桥洞！

也无怪乎我们不知道，谁大冬天去逛颐和园呢！还得跑到桥北面的冰面上，等着太阳落山时！太难得了。我要是有这份能耐，就把时间改成夏至时，坐着小船看日落十分辉煌的桥洞，那多惬意呀！

十七孔桥"金光穿洞"奇观

十七孔桥是园内最大的石桥。桥长150米，飞跨于东堤和南湖岛，宛若长虹卧波。其造型兼有北京卢沟桥、苏州宝带桥的特点。桥上石雕极其精美，每个桥栏的望柱上都雕有神态各异的狮子，大小共544个，比小学课本上说的卢沟桥的501只狮子还多43只呢。两桥头还有石雕异兽，十分生动。桥额北面书"灵兽偃月"，南面书"修炼凌波"。

十七孔桥的桥洞为什么要建17个孔呢？因为桥正中是最大的孔，从桥的两端数到这里，都是9。在我国古代，1、3、5、7、9这些奇数被称为阳数，而9这个数是阳数里最大的，称作阳极数，是皇上最喜欢的吉利数字。

十七孔桥望柱上的石狮子

第二个岛藻鉴堂岛在西堤的西南面，一般人不上那边去，因此也不知道岛上有个好东西——藻鉴堂。它始建于乾隆年间，乾隆帝曾在此休憩品茗，吟诗赏景。清漪园时期，藻鉴堂内陈设有许多珍贵文物。咸丰十年（1860年）被英法联军焚毁，光绪年间重修。

藻鉴堂

如果你坐船从南湖往西走，还没过练桥时，会看见一组建筑在湖面上显得格外亮丽。这一组建筑由主楼和两座配楼组成，共同起了一个名字——景明楼。建此楼的想法源自湖南洞庭湖边的岳阳楼，因此名字也是取意于范仲淹的《岳阳楼记》中"春和景明，波澜不惊"之句。在此地观看昆明湖、万寿山、西山和长河，大有洞庭湖上"衔远山，吞长江，浩浩汤汤，横无际涯"的感觉。楼的形式却跟岳阳楼大不一样，是取自元朝赵孟頫所绘《荷亭纳凉图》。景明楼1860年被英法联军焚毁，1992年按原样复建。

景明楼远眺

估计有人会挑我的毛病：喊，就这几个小破楼，哪能跟岳阳楼相提并论呢。当然，从清漪园的配置来看，景明楼的规模和气派是不可能与岳阳楼相提并论的，正如昆明湖不可与洞庭湖同日而语。建筑形式也大不相同，皇家建筑的屋檐起翘小，一来北方雨量不大，不必用大大的起翘把雨水甩出去，二来看着严肃些。岳阳楼的屋顶层层起翘极大，像一只展翅欲飞的大鸟，煞是好看。

岳阳楼

第三个岛治镜阁岛就更没什么人去了。倒是有一年我跟从小一起长大的发小宁光昌一起去颐和园游泳。那时颐和园已经不开放游泳了，不像我们小时候在知春亭边上有游泳场、更衣室什么的。他说有个地方特别好，没人看着，可以游野泳。于是他开着车带我从颐和园最西面的一个我从不知道的小门进去，在车里换了泳装就下水了。游到这个岛边，我俩湿淋淋地爬上岸，看见一座倒塌已久的建筑，就剩残墙断壁了。他告诉我说当年这里是关犯了错误的太监宫女的，把我吓得够呛，也不知是真是假。但上面确实曾经有过建筑物，名叫治镜阁。

治镜阁复原图

可我们看见的却是一副残垣断壁模样。也不知治镜阁何日能复原，何时能重游？

除了这三个岛以外，昆明湖的南湖最南边还有一个岛，那便是南湖最南端的凤凰墩。

治镜阁遗址

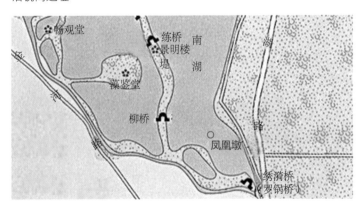

凤凰墩位置图

这个小小的水中土墩子真是太不起眼啦，以至于我从小到大去过颐和园不下几百次，上高中时还在海淀区航海多项队里集训了一个暑假，天天在湖里不是荡桨就是扬帆，当时竟然从未发现它。这个小土疙瘩为什么叫凤凰墩，又是从哪里"抄"来的呢？这还要从乾隆带着他妈——皇太后钮祜禄氏南巡说起。一日，其母因为不适应南方闷热的气候，生起病来。虽有太医随时诊治，但总在船里颠簸着，就是没病都难受。皇太后哼哼唧唧说要上岸。乾隆不敢怠慢，赶紧让御舟在无锡运河中黄埠墩靠岸。黄埠墩是个四面临水、面积仅220平方米的小岛，岛上建有一座寺庙，因春申君（黄歇）曾在此疏治湖泊而得名。

黄埠墩

众人请皇太后入佛寺暂歇。经寺中方丈施药相治，身体渐渐康复。乾隆为感谢方丈，除赏赐不少金银财宝外，回京之后，在正施工的清漪园南湖里仿黄埠墩，留了个土墩似的小岛，名凤凰墩，并在墩上建了一座两层楼阁，名会波楼，楼内供佛，顶上安有镀金铜凤凰，长三米，可随风旋转，辨风力大小和风向。会波楼后来被毁，如今仅重建一个小亭子。

　　有一年我和女儿游野泳，曾经登上这个小岛。不知她是否还记得。

昆明湖中的凤凰墩

2.六座桥

去过颐和园，或者说在湖里泛舟过的人大概都对这几个桥有印象，但桥的名字以及这些名字的由来，可能就不太清楚了。

颐和园昆明湖仿西湖苏堤也建造了一道堤坝。堤坝叫西堤。有这么一道堤坝，从昆明湖向西望去，景致极美。

夕阳下的昆明湖

西堤六桥

西堤上的六座桥从北到南顺序是：界湖桥、豳风桥、玉带桥、镜桥、练桥、柳桥。

界湖桥这个名字是由它所在的位置决定的。过了此桥，就不是昆明湖了。估计这座桥上原应有点儿什么吧，后来被毁就懒得修复了，成了一座仅有走人过水功能的桥了。

界湖桥

　　第二座桥原来的名字叫桑苎（音"住"）桥，后来改名为"豳（音"宾"）风桥"。为什么呢？桑苎桥的"苎"音与主子的"主"谐音，特别还是咸丰皇帝的名字奕詝（音"住"）的"詝"谐音，再加上"桑"与"丧"同音，读起来很不吉利。重建颐和园时改了这座桥的名字。豳风桥因为接近当年皇家的"耕织园"，因而名字取自《诗经》中反映农业生活的作品——《豳风》，取这个名字表示帝王重视农桑生产。"豳"是一个地名，在现在的陕西旬邑县附近。

　　玉带桥，顾名思义，是根据形状和颜色来命名的。

豳风桥

玉带桥

镜桥，取意于唐朝诗人李白的诗句"两岸夹明镜、双桥落彩虹"。桥上重檐六角亭子将原本略显枯燥的桥打扮得不同寻常。

练桥，不知名字从何而来，其上建有重檐四角攒尖顶的亭子。

柳桥，出自白居易的《三月三日祓禊洛滨》中"柳桥晴有絮"这句。柳桥的名字也与西堤上种满柳树相对应。

镜桥

练桥

柳桥

昆明湖的东北面还有一小片水，说它属于昆明湖吧，分明从水路是过不去的。要说不算昆明湖呢，水系又是通着的。这就是谐趣园。谐趣园里的荷花池之水来自后湖，从西北角的一个水闸进入园中。水闸之后有一条水道和一片翠竹，水道旁的一块大青石上有乾隆御题"玉琴峡"。放水的时候，在此竹林边即可听见潺潺水声，有如在玉琴上弹奏。在活泼的瀑布声中完成了注水工作，真是一绝。

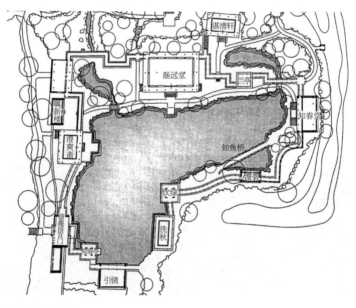

谐趣园平面图

谐趣园是怎么来的呢？这就又说到乾隆身上了。1751年春季首次南巡时，路过无锡，一下子就迷上了寄畅园，于是命随行画师摹绘寄畅园，返京后在万寿山东北麓仿建，名"惠山园"。乾隆曾写《惠山园八景诗》，在诗序中说"一亭一径，足谐奇趣"。嘉庆十六年（1811年）重修后，取"以物外之静趣，谐寸田之中和"和着乾隆皇帝的诗句"一亭一径，足谐奇趣"的意思，改名为"谐趣园"。

谐趣园，逛颐和园的人几乎没有不去的。我这里要说说它的五座桥之一的知鱼桥。此桥在园内东南角，桥头石坊上有乾隆题写的"知鱼桥"三字额，是引用了庄子和惠子"濠梁之辩"而来的。咱们看看这两个古代著名哲学家是怎么打嘴架的。

一日，庄子和惠子在濠水（位于今安徽省凤阳县）的一座桥梁上散步。庄子看着水里的鱼说："鱼在水里悠然自得，这鱼真快乐啊。"惠子说："你又不是鱼，又怎会知道鱼很快乐呢？"庄子说："你不是我，怎知道我不知道鱼很快乐呢？"惠子说："我不是你，所以不知道你知道什么；但你也不是鱼，因此你也无法知道鱼是不是快乐。"庄子说："请回到我们开头的话题。你问'你怎么知道鱼快乐'这句话，就表示你已经了解到我知道鱼快乐才问我，我是在

知鱼桥

濠水的桥上知道的。"原文是这样的：庄子曰："鲦鱼出游从容，是鱼之乐也。"惠子曰："子非鱼，安知鱼之乐？"庄子曰："子非我，安知我不知鱼之乐？"惠子曰："我非子，固不知子矣，子固非鱼也，子之不知鱼之乐，全矣。"庄子曰："请循其本。子曰'汝安知鱼乐'云者，既已知吾知之而问我，我知之濠上也。"

古代文人打嘴架多精炼呐！

3. 两座殿

第一座叫"畅观堂"。这里常被游人忽略，一是太远，二是建筑既不雄伟也不出名。别瞧它不起眼，那可是从杭州西湖丁家山的名建筑"蕉石鸣琴"学来的呢。"蕉石鸣琴"在丁家山东北麓。那里有一个石壁，高3米许，壁前立一个条石，状若蕉叶屏风，称为"蕉屏"。清代雍正年间（1723—1735），浙江总督李卫经常在这里弹琴，琴声绕石，音韵清越，响入云端，故有"蕉石鸣琴"的雅名。当年的小院早已不见，现如今这里被辟为国宾馆。

那么，畅观堂在哪里呢？请看下图的左边。

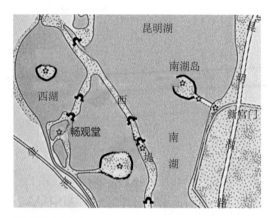

畅观堂位置图

　　畅观堂在清漪园的西南角。始建于乾隆三十年（1765年），1860年被英法联军烧毁，光绪年间重建。主体建筑为面阔七间的两卷大殿，左右各有一座配殿和一座小亭，地势高爽，环境清幽，是当年乾隆皇帝眺望园外、看老百姓种地的地方。畅观堂建筑群包括正房畅观堂，东配殿睇佳榭、西配殿怀新书屋和两座观景亭等建筑。在畅观堂可以西望玉泉山、高水湖、养水湖两岸的风光，东看大片稻田、湖畔农舍等田园风景。

睭佳榭

东配殿睭佳榭名字挺雅，乍看之下，也不过是一座普通民居而已。五开间，前出厦。王府的配置吧。柱间用的是花牙子，而不是皇家惯用的雀替。

再有一个小去处叫小西泠。大家可能都知道杭州有个西泠印社。清漪园里也学来了个"小西泠"。小西泠在清漪园西北面的长条岛上。这个名字显然是仿西湖孤山的西泠。我们去颐和园时，都管那里叫船坞。

在这个名叫小西泠的长条岛上，一南一北分别修建了一座亭桥、一座曲桥。如果抻着脖子往南看，还可以看见豳风桥。岛子上本身的建筑类似码头、村舍，内部河道狭长弯曲，其构思显然是受到扬州瘦西湖的名景"四桥烟雨"的启发。

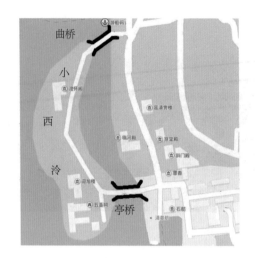

小西冷位置图

小西冷上的建筑群

第三章 万寿山

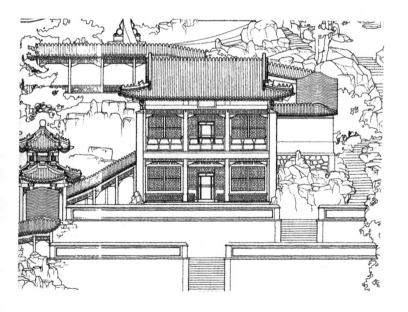

万寿山俯瞰图

万寿山的前身是瓮山。后来乾隆扩大昆明湖时，把挖湖的土都堆在了原来的瓮山上，并把这个比以前大了许多也高了许多的土堆改名叫万寿山。万寿山的前山以建筑群为主，后山则以树木为主。我们去颐和园，一般都会去前山，看大报恩延寿寺，即排云殿的一组建筑，它是乾隆为其母祝寿所建。

此建筑群始于昆明湖边的"云辉玉宇"牌楼，由排云门、玉华殿、云锦殿、二宫门、芳辉殿、紫霄殿、排云殿、德辉殿及两侧的游廊、配房组成。再往上走就是佛香阁和智慧海。它们共同组成一条南北贯穿的中轴线，层层上升，气势宏伟。不过这里人人都熟悉，就单捡鲜为人知的来介绍一下吧。

1. 前山

先来了解一下如今作为北京地标建筑之一的佛香阁的建造过程。

佛香阁，大家都知道，可其中的曲折建造过程就鲜为人知了。

乾隆皇帝本来是想照搬人家杭州的六和塔，在万寿山上建个九层塔来着，结果盖到第八层时塌了。乾隆挺迷信，认为这是上天对他食言的惩罚，于是九层塔作罢。不过基础已经打好了，经过亲自踏勘之后，乾隆拍板，在九层塔的基础上建了个敦实的楼阁，类似黄鹤楼的形制和体量，即后来的佛香阁。事实证明，这个楼阁无论与前面的主体建筑，还是与万寿山乃至更远的玉泉山、西山，搭配得都是极好的。

佛香阁的外形是仿武汉黄鹤楼而建的。它是清漪园中的主体建筑物。建筑矗立在万寿山前山正中高20米的方形台基上，南对昆明湖，背靠智慧海，以它为中心的各建筑群严整而对称地向两翼展开，形成众星捧月之势，气势相当宏伟。

万寿山佛香阁

　　佛香阁为八面四重檐的三层楼阁，高41米，阁内有8根巨大铁梨木擎天柱，结构相当复杂。屋顶上覆黄琉璃瓦绿剪边。佛香阁正面挂三块金字牌匾，每层一块，自上而下为："式扬风教""气象昭回""云外天香"。

　　咸丰十年（1860年），佛香阁毁于英法联军之手；光绪时（1891年）花了78万两银子在原址依样重建。

有一个地方估计连颐和园老游客都不大知道，那就是在万寿山南坡偏西的一个小园子，名叫"邵窝"。后人尊称其为"邵窝殿"。

佛香阁建筑形态

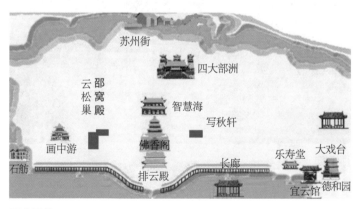

邵窝殿位置图

在这个怪怪的名字里，"邵"字是指北宋大学者邵雍。早年他曾在河南辉县的山里隐居，并把自己的宅子叫"安乐窝"。那个"窝"背后是山峦，门前俯清泉，据说真的不错。可惜这会儿已经不见踪影了。

邵窝殿

颐和园的"邵窝"有前水后山之美，它是一个两进的院子，中间的平台上建有一个三开间正房。园内地形高低错落，除了正院外，东引垂花门，至另一跨院，还有一小屋及一小段爬山廊子。登高远望，可见昆明湖。真个是麻雀虽小五脏俱全的好去处。唉，可惜进不去呀，干着急。

这是扒在墙头上往里照的。可以看见顺着山势起伏的游廊。右边隐约像个牌坊

因为没法看到这个小院子的全貌，我们且借用这张古代的三维设计图来看看吧。这张图把地形与园子的关系画得很清楚。说实话，这也是我第一次看见国画形式的设计图呢。其表现手法很灵活，是平面图加立面图。不像我们画的图，平面是平面，立面是立面。这种图一目了然，外行一看也能明了。

邵窝殿三维设计图

2. 后山

从北宫门进去，过了大石桥后，一抬眼就能看见红、白、黑等色的塔在绿树中向外探望。这便是颐和园里唯一的一组藏式寺庙建筑——四大部洲，又名须弥灵境。

在清朝，朝廷对回、蒙、藏等民族采取的是"胡萝卜加大棒"的政策：乖乖听话的，和睦相处；造反起义的，严厉打击。对其上层则是极力笼络。在承德避暑山庄修了外八庙，它们凝聚了汉、蒙、藏各民族的建筑艺术，规模无一不宏大，风格无一不绚丽。其中最有代表性的是普宁寺，它的风格前半部分是汉式的，有山门、天王殿、大雄宝殿；后半部可就是藏式风格的了。

颐和园的须弥灵境与普宁寺几乎同时修建，风格、布局也大致相同。须弥灵境整个建筑群坐南朝北，平面略呈"丁"字形。建筑风格北部为汉式，南部为藏式，由北向南依次升高，总长约500米。在须弥灵境南面的金刚墙再往上就是藏式建筑部分，以香岩宗印之阁为中心，四周围绕藏式碉堡式建筑和喇嘛塔，这些建筑沿着陡峭的山体交错排列。

藏式建筑仿照西藏的桑耶寺，主体建筑为乌策殿，大殿四周环布四大部洲、八小部洲、日殿、月殿，外有围墙环绕，四角建有绿、白、红、黑四色舍利塔。

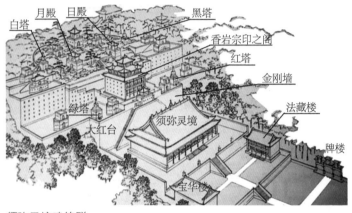

须弥灵境建筑群

须弥灵境鸟瞰图

红塔

黑塔

白塔

绿塔

3. 六个关

颐和园的六城关，当然要比北京的城墙啦、城门楼子啦小很多，完全就是小巫见大巫，但小得可爱。

这六个城关里，文昌阁几乎是每个去颐和园的人都要走过的城门楼，除非他看完万寿山和长廊就打道回府，不打算往东边去。

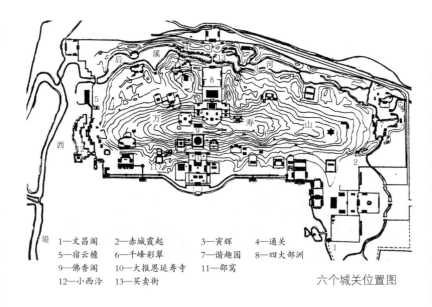

1—文昌阁　　2—赤城霞起　　3—寅辉　　4—通关
5—宿云檐　　6—千峰彩翠　　7—谐趣园　　8—四大部洲
9—佛香阁　　10—大报恩延寿寺　　11—邵窝
12—小西泠　　13—买卖街

六个城关位置图

文昌阁始建于乾隆十五年（1750年），1860年被英法联军烧毁，光绪时重建。

文昌阁是一种传统祭祀建筑，为祭祀传说中掌管文运功名之神，保一方文风昌盛而建。文昌帝君是中国民间和道教尊奉的掌管士人功名禄位之神，古时认为是主持文运功名的星宿。

紫气东来（题"赤城霞起"）大概也是颐和园老客熟悉的，它是从仁寿殿去谐趣园的必经之路。城关不大，它骑在从南边去谐趣园的山豁子上。关于"紫气东来"还有一个传说。

老子原来在周王朝担任主管图书典籍的官职。后来天下大乱，老子觉得将来会发生更大的战乱，所以就辞官不做，骑着一头青牛，离开了洛阳向西去，想平平安安地度过晚年。

一天清晨，函谷关善观天象的关令尹喜登关巡视，但见东方的天空有团紫气飘然而来，他心里非常高兴！因为这种吉祥气象，表示有圣人要到来。于是，他沐浴更衣，出关相迎，恭敬等候。那团紫气越来越近，当他再仔细看时，果然看见一位长须如雪、道骨仙风的老者，骑着青牛悠悠而来。啊！原来是老子驾到了。从此，人们就认为紫气代表着圣人。

至于其余四个，不介绍一下，一时间别说你，就连我这个颐和园老粉，恐怕都找不到。

文昌阁

老子出关

紫气东来

第三个城关寅辉在万寿山后湖边。沿四大部洲东侧的后山小道而下，就能来到后湖南岸苏州街东南侧的寅辉城关。此城关始建于乾隆年间，东边石额刻"寅辉"，西边刻"挹爽"，与西部的通云城关遥相呼应，皆是苏州街的陆上关口。

第四个通云城关在北宫门西边后湖北侧的土山上。

第五个宿云檐，从石舫往北，第一个把你挡住的城墙就是它了。乾隆时期，昆明湖三面设有围墙，这座城关就是从西部入园的门户，此关可控制西面的如意门一带，与万寿山东的文昌阁一西一东，一武一文，象征着文治武功，文武双全。

寅辉

通云

宿云檐

千峰彩翠

　　第六个千峰彩翠。从谐趣园出门上山，得走一阵子呢。它在佛香阁东侧半山腰上智慧海以东，无尽意轩北侧的万寿山山脊上，依山势朝向西南。城关始建于乾隆十九年（1754年）前，光绪十九年（1893年）重修。

　　这六个城关相同的地方是下面走人的城门洞都是上圆下方形状的，跟北京的各大城门洞一样，摆明了是说："甭看我小，爷也是一城门洞呢！"城墙上面也都建有城门楼子，有用没用的，是个点缀。据说当初是为防歹人，园子里分区设防来着。

第四章 长廊画

颐和园最吸引我的要算长廊的画了。上大学时有两次在颐和园实习，休息时我除了游泳，就是浏览长廊的画。后来有了孩子，也常带他们来看长廊上的画。有的画我能说出所以然来，有的却不知出处，只好以"不知道"为托词，心中颇感遗憾。

20世纪90年代曾买过一本书，名叫《颐和园长廊画故事集》。可惜它的文字太多而画太少，看着不够过瘾。当时我曾立志要亲自来拍照片，把此书的内容和照片融合在一起。现在这件事终于做成了一半。

长廊东起邀月门，西到石丈亭，共273间，间间有画，内外有画，粗略统计共14000幅。这些画有大有小，有的是花鸟鱼虫、湖光山色，有的是讲故事。故事均取自中国古代文学著作、民间传说、戏曲或神话故事。其中选自《三国演义》的有49幅、选自《红楼梦》的有15幅、选自《西游记》的有11幅、选自《聊斋志异》的有9幅、选自《水浒》《杨家将》的有12幅、选自其他文学著作的有21幅，其余的则是民间故事、成语故事等共约200幅。有些故事特别受到人们喜爱，还有一事多画的重复表现。

本书里临摹的长廊画是1974年颐和园大修时所绘，2009年7月我在现场拍照，历经数月临摹，成画116幅。原作基本上是国画风格，我在临摹时有所改动，所采取的风格类似儿时爱看的小人书，大概介乎国画和西画之间吧。

因为我比较懒散，这里只列了长廊内部有故事的画。至于长廊外侧的画，我觉得大部分人可能跟我似的，不愿意跨过坐凳去看。一来跨栏到底费劲，二来在外面看画视角不大好，因此这里就不展示了。所以说这里画的只是一半。

长廊画编排的顺序是从邀月门开始往西走，左面一张，右面一张，谓之"左顾右盼"吧。要是能对照此书在长廊里游走一回，日后跟朋友侃起颐和园来，内容会丰富些，也算是一件快乐之事吧。

友情提醒：看画时别光顾着抬头，小心撞到人；时间长了，别忘了揉揉脖子。

在整个长廊中有四个八角攒尖的亭子，从东到西分别是：留佳亭，代表春；寄澜亭，代表夏；秋水亭，自然是代表秋；清遥亭，代表冬。每个亭子里有两幅大画，反映的都是大场面的故事。

下面，咱们就从东头看起吧。

颐和园长廊

孟德献刀

　　故事出自《三国演义》。自公元前206年刘邦建立汉朝开始，到东汉末年，过了将近400年，汉朝的气数已尽。正所谓是"乱世英雄起四方，有枪的就是草头王"。原西凉刺使（相当于今天的省军区司令）董卓带了二十万人，趁朝廷混乱之时进军首都洛阳，把持了朝政。189年，他废了汉少帝刘辩，立了那个唯命是从的刘协为汉献帝，自己封自己为相国。他挟天子以令诸侯，干尽坏事。但好几拨想杀他的人都

孟德献刀

被他给杀了。

有个小武官（骁骑校尉）叫曹操，他也想杀董卓，为此，他去给董卓当随从，得到了董卓的信任。有一天，曹操带着一口宝刀进了董卓的卧室，打算等待时机杀了他。董卓跟曹操和他的义子吕布聊了一会儿天，体型肥硕的董卓坐累了，就躺下来睡觉。吕布出去牵马。曹操心说："这老贼该死！"抽出刀来高举过头正要往下砍，谁知竟被假装睡觉的董卓在镜子里发现了。董卓回头大喝一声："你要干什么！"曹操吓得赶紧下跪并举起准备行刺的刀，说道："我这儿有一口宝刀，特地来献给恩相。"说着，把刀交给董卓（见图），暂时骗了过去。

董卓收下刀，正好吕布回来向曹操展示他的良驹。曹操正无计脱身，便假说要借一匹骑着玩玩。等曹操翻身上了马，就赶紧快马加鞭，溜之大吉了。董卓和吕布还在原地站着等他回来呢，此时曹操早跑没影了。

隆中决策

故事出自《三国演义》。诸葛亮，字孔明，有经天纬地之才，因为生逢乱世，他兄弟几个都隐居在河南乡间，不愿过问世事。老打败仗的刘备听说后，不顾弟兄们的反对，三次前往，请隐居的诸葛亮出山协助。

其实诸葛亮也希望找个明主展平生所学。这次刘备送上

隆中决策

门来，着实高兴。诸葛亮给刘备分析了当前形势，说明曹操势力太大，孙权稳坐东吴，这两个人都是惹不起、打不倒的。而四川这个天府之国目前基本没有有能力的人占领。建议刘备不要跟曹操、孙权在中原抢地盘，而要"北拒曹操，东和孙权"，等到自己站稳了脚跟，就上西川去发展，与曹、吴两家成三足鼎立之势。分析完毕，诸葛亮又叫小书童拿出一幅早已画好的西川五十四州的地图，并按图解释（见图）。刘备见自己的皇帝梦有望实现，高兴至极，于是他诚恳地请求诸葛亮出山帮他。诸葛亮看他确实是诚心诚意，就答应了。

这以后，诸葛亮帮助屡败屡战的刘备慢慢强大了起来，最终在四川建立了蜀汉政权，实现了他在隆中定下的决策。

诸葛亮出山时年仅27岁，可因为在京剧里唱诸葛亮的角色是须生，一出场就是胡子一大把，让人总以为他是个老头子呢。此画沿袭了这一传统，也把他画成一个长胡子的老头。没法子，人们看习惯了。

周敦颐爱莲

周敦颐，北宋中叶人，道学创始人之一。曾经当过几年官，因办案时不肯偏向达官贵人，受到权贵王逵挤对，气得当场扔下惊堂木辞官回家，在江西庐山莲花峰下养病。

周敦颐爱莲

周敦颐平生没别的爱好，就喜欢荷花。他的住所四周都是池塘，一片水乡泽国景色。周敦颐让人把池塘里都种上荷花，春天荷叶吐芳，夏日莲花绽放，秋季莲子昂首，美不胜收（见图）。

在这里，他写下著名的《爱莲说》："水陆草木之花，可爱者甚蕃。晋陶渊明独爱菊。自李唐来，世人甚爱牡丹。予独爱莲之出淤泥而不染，濯清涟而不妖，中通外直，不蔓不枝，香远益清，亭亭净植，可远观而不可亵玩焉。"

其中的"出淤泥而不染，濯清涟而不妖"成为一切愤世嫉俗者的警句格言。

走马荐诸葛

故事出自《三国演义》。徐庶因敬佩刘备的人品，自愿化名单福去辅佐刘备。他曾担任刘备的军师，还帮助刘备打败了一回曹操（火烧博望坡），看来大有常干下去的打算。

这回的失败让曹操很奇怪，就问谋士们："刘备那边难道有高人辅佐了吗？竟然把我都给打败了！"一位谋士告诉他："此人叫徐庶，丞相别发愁，我有法子把他给弄来。"他设了一个毒计，把徐庶的母亲骗到曹营。又模仿徐母的笔迹给徐庶写了封假信，让他到曹营来相见。孝子徐庶中了奸计，决定马上去曹营见母。刘备这边好不容易得到一位能人，又要走了，哪里舍得啊。但不让人家去见母亲又说不过

走马荐诸葛

去。无可奈何之下，他把徐庶送到了城外。

　　徐庶走了，刘备哭道："没了徐庶，我怎么办呢？"眼泪汪汪地看将出去，一片树林子把徐庶的背影给挡住了。刘备指着树林道："我真想把那些树给砍了！"（见图）大家奇怪，刘备道："它挡住我看徐庶了。"正哭着呢，忽听马蹄声响，抬眼一看，徐庶竟然回来了。刘备喜出望外地拍马上前问道："你不走啦？"徐庶道："不是，我心里一着急，忘了一件大事。有个人比我强一万倍。他就住在附近，在离这里二十里地的隆中隐居。您何不去请他出山？"就这样，徐庶在马上向刘备推荐了诸葛亮。

风尘三侠

　　隋朝末年，暴君隋炀帝不仁不义，好些人都准备起来灭了他。有个叫李靖的人，空有一身本事没人赏识。某日在大奸臣杨素府里遇见一位歌女姓张名红拂。两人一见钟情，互换地址。第二天一大早，张姑娘竟毅然前来李靖家投奔。李靖见红拂豪爽多情，正中下怀，就与她秘密成了婚。因为怕杨素追究，一起逃往太原。

风尘三侠

在逃跑途中，一日，红拂正在客栈院子里梳头，有一个骑驴的大胡子到了院子里。他看了红拂一眼，就拿出个皮囊往地上一放，躺在皮囊上看起她梳头来了。李靖一见醋意大发，举起拳头就冲大胡子来了，却被红拂拉住。她上前问了问那人的情况，并请那人吃饭。席间才知道那人也姓张，人称虬髯客。再聊了一阵子，他跟李靖还挺谈得来。三人约定分头去太原辅佐李世民。

到了太原，三人一起去见过李世民。某日，虬髯客把李靖夫妇请到他家。他拿出一大包金银珠宝给了李靖和红拂，说自己要离开，但嘱咐二人一定要辅佐李世民成就大业。李靖奇怪道："你怎么不跟我们一起呢？"虬髯客道："我另有事情要干，十年之后，东南千里之外，将是我成功的地方。"三人在风雪中告别（见图），虬髯客骑上毛驴，扬长而去了。

十年后，李世民成了唐朝的开国皇帝，李靖也当上了宰相。这时有人报告他说，东南海上有船只千艘，为首的灭了好些海上小国，当了皇帝。李靖知道虬髯客大事已成，与夫人一起，把酒面南，祝贺朋友的成功。

打渔杀家（一）

这个故事选自京剧《打渔杀家》。事情发生在北宋末年（约1100年）。这一天，江湖好汉"混江龙"李俊、"卷

打渔杀家（一）

毛虎"倪荣闲来无事，正在江边溜达，忽听江面传来阵阵歌
声："摇动船儿似箭发，江水照得两眼花。青山绿水难描
画，父女打鱼作生涯。"

　　他们知道那是老朋友萧恩和他女儿桂英正在江上捕鱼
（见图）。他俩连忙招呼萧恩父女上岸。萧恩是个武艺高强
的豪爽汉子，见是老朋友，就收网上岸来了（后面的事且看
另一张画）。

携民渡江

　　故事出自《三国演义》。刘备创业初期，因为有诸葛亮辅佐，以前经常打败仗的他在新野居然挫败了曹军，然后按诸葛亮的安排退至樊城。气急败坏的曹操亲率八路兵马，杀奔樊城。樊城是个很小的城，诸葛亮知道抵挡不住曹军，就劝刘备采取敌进我退的方针，先渡过汉水，再退到襄阳。可心软的刘备不忍百姓落入曹操之手，要带着全城的百姓跟他一起渡江，于是就派人贴出布告："曹兵将至，孤城不可久守，百姓愿随者，可一同过江。"布告贴出去后，大多数百姓都愿意相随。但抛离故土谈何容易啊。百姓扶老携幼，

携民渡江

号哭而行。刘备一见之下，悲恸不已，便说："为我一人而使百姓遭难，还有什么脸活着！"说罢，就要跳河自杀。当然，他被人给拉住了。

刘备到了南岸，看见还有不少人没渡过来，忙命令关羽催着船回去渡人，他自己则在岸上看着（见图），直到百姓将要渡完，才上马离去。

文姬谒墓

蔡文姬，大名蔡琰，父亲是汉代书法家蔡邕。她从小就极具音乐天赋。有一次父亲弹琴，她在一旁听着，忽然琴弦断了一根，她立刻说是第二根断了。父亲以为她是蒙对的。过了一会儿，又断了一根，她说这次是第四根断了，父亲惊奇地嘴都闭不上了。

但蔡文姬的个人命运挺惨的。先是父亲得罪了权臣被大司徒王允杀死。后来她嫁给一个叫卫仲道的男人，不到两年，卫仲道又死了。在一次匈奴入侵时，她被抢到匈奴，又做了左贤王的妻子，一做就是十二年，还给他生了孩子。

曹操当汉丞相时，对北部的匈奴（蒙古族）等少数民族比较友好。他对蔡邕一直很尊重。当曹操想搞点文武双全的政绩时，忽然想起蔡文姬来，就派蔡家的亲戚董祀把蔡文姬赎了回来，希望她能整理父亲的文稿。图中是蔡文姬在回来的路上，路过长安父亲的坟墓，触景生情，悲从中来，操着

文姬谒墓

三弦琴唱了一首名曲《胡笳十八拍》。

后来，蔡文姬整理了四百多部她父亲的著作，并且嫁给了董祀。

文人三才

"三才"是大家对宋朝三大文豪苏轼、秦观、佛印的美称。

苏轼，号东坡居士，为人豁达豪放。行文如流水，走笔似蛟龙，是著名的文人。秦观，字少游，性格豪放慷慨，文辞盖世惊人，与苏东坡是密友，据说后来娶了苏轼的妹妹。佛印是出家人，其实他原是一介书生，名叫谢瑞卿，苏东坡欣赏他的才华，跟他关系特铁。某日宋神宗设坛祈雨，命苏东坡写祈文。谢瑞卿听说后一时兴起，心想我还没见过皇帝长什么样呢，这次机会难得，就让苏东坡带他去见见皇帝。那会儿见皇帝可是大事，所有有关人员要一审再审。苏东坡拗不过朋友之托，就想了个主意，让他披上袈裟，装作添灯送水的杂役和尚。宋神宗驾到后，斋仪完毕，稍事休息，东坡命小僧献茶，捧茶的正是谢瑞卿。神宗见他浓眉秀目，气度不凡，就叫他上前问话，听说他是新来的和尚，还没来得及剃度，一时兴起，叫他御前剃度，还亲赐了法名"了

文人三才

元"，号"佛印"。这回谢瑞卿弄巧成拙，成了真和尚，又是皇帝钦点的，想还俗也还不成了。

后来苏东坡觉得因为自己的主意连累了朋友，挺过意不去的，但劝他还俗，他却坚决不干。苏东坡无法，只好约来秦少游，在花园中摆下宴席，准备把他灌醉，再劝他还俗（见图）。无奈佛印意志坚定，德行清高，苏东坡的计策竟然落了空。从此苏、秦二人更加敬佩佛印，三人也常在一起谈古论今，投机得很。

吕布与貂蝉

故事出自《三国演义》。为除掉董卓，司徒王允设下一个"一女二嫁"的连环计：先答应把貂蝉许配吕布，然后又把她送给了董卓。这让吕布心中万分煎熬。他心里想念貂蝉，但面对董卓这个老色鬼义父，又敢怒不敢言。几次到董卓家去想见见貂蝉，都被董卓轰了出去。每每看见貂蝉向他含泪点头的样子，更是令他吃不香睡不好。其实貂蝉那是在用美人计呢！傻小子吕布哪里知道。

这一天，吕布随董卓去上朝，趁着董卓跟汉献帝聊天的工夫，吕布悄悄退出皇宫，溜进相府。貂蝉一看是吕布，心想："来机会啦！"就让吕布在后花园的凤仪亭等她。等了半小时，好不容易看见貂蝉分花拂柳地飘来了，吕布忙上去拉住她的手。貂蝉假哭道："我本来是你的妻子，现在却被

吕布与貂蝉

董卓侮辱。之所以活到今天，只为再见将军一面。今天，我愿死在你面前。"说着，就要跳湖（见图）。吕布急忙拉住她，发誓道："我今生不能娶你为妻，就白活了，算什么英雄好汉！"两人你哭我咒地不忍分离。

这边董卓一回头不见了吕布，赶紧上车回府。回到相府才知道貂蝉去了后花园。董卓跑到后花园，远远地见他二人搂搂抱抱，气得哇哇大叫。吕布一见董卓来了，大吃一惊，连忙逃跑，董卓追不上他，拿起他的方天画戟扔了过去，被吕布拦下画戟，成功逃跑。

后来，董卓终于还是死在了吕布的手里。貂蝉也成了吕布的妾。

桃花源记

　　这是根据晋代文学家陶渊明著名的《桃花源记》所画。说的是在东晋孝武帝时，湖南武陵（今湖南常德）一名渔夫追鱼心切，误入歧途，沿着一片桃树林进了一个山洞。这个山洞极其狭窄，只能一个人通过。走了几十步后，前面豁然开朗。渔夫见到一片开阔的良田沃土，整齐的村落边桑树和翠竹交相辉映。村里的人衣着和外面的人一样，却是人人脸上带笑，个个身心健康。一问之下，才知道这些人的祖先来此避难已经好久了，他们不知有秦汉魏晋，过着与世隔绝的

桃花源记

和平生活，无论是白发苍苍的老人还是天真无邪的儿童，都生活得非常愉快（见图）。

渔夫在这里待了几天，想家了，非回去不可。当地人嘱咐他不要把这里的事情告诉别人。可渔夫发现了这么个好地方不跟人说说，心里痒痒。于是他忘了自己的诺言，到家后就跟当地的太守说了。太守派人沿着渔夫说的路想找到这块宝地，却怎么也找不到了。

龙宫借宝

故事选自《西游记》。石猴孙悟空从海外拜师学艺归来，有了一身的武艺，却一直没有找到合适的兵器。有一只老猴子出了一个主意：到东海龙王那里去借。

孙悟空来到龙宫，老龙王搬出十八般兵器让他挑，可他什么兵器都嫌轻，龙王的妻子看着孙悟空那副凶神恶煞的样，心里害怕，就悄悄建议丈夫把定海神针借给他。龙王不同意："那是当年大禹治水时留下来的，咱们的镇海之宝，怎能借给别人呢！"妻子道："咳，你就应许他呗，我估计他根本拿不动，那神针有一万三千五百斤呢，没人拿得动。到时候就不怪咱们不借他了。"龙王一听，好主意！就把定海神针指给他。孙悟空一看，原来这是个黑漆漆的大铁柱子，有两丈多长，一斗来粗。他不禁说了声："这玩意儿也太粗了，怎么拿呀。"刚说完，只见那铁柱子动了一下，似

龙宫借宝

乎是变细了些。孙悟空心里想："它能变是怎么着？"又说了句："还得再细点儿。"话音刚落，只见那柱子又细了些。于是他连连说道："细，细，细。"直到那铁棒子有胳膊粗细了，才拿过来（见图）。见棒子上刻有一行小字"如意金箍棒"。原来这是根可大可小的神器。他拿起来耍了耍，十分顺手，索性把棒子变成绣花针那么小，放在了耳朵眼里，顺便又跟他要了全套行头，谢了龙王，出宫去也。老龙王眼睁睁见宝物被拿走，却没法子，悔得肠子都青了。

从此这根神棒子跟着孙大圣立下许多战功。

江东赴会

　　故事选自《三国演义》。赤壁大战前夕，刘备一心一意要与孙权联合，可东吴的大都督周瑜是个有远见之人，他知道总有一天孙刘两家得有一拼，为了东吴的长远利益，总想及早除掉刘备。一次，他假借商议破敌之计，邀请刘备到江东会面，打算趁机下手。刘备联吴抗曹心切，明知山有虎，偏向虎山行。他本来想干脆自己一人去，经不住众人劝说，才带了关羽和二十几名随从，坐了一条小船，顺流而下，来到了江东。诸葛亮听说，急出一身大汗，及至有人告诉他说

江东赴会

关云长也来了，他才放心道："我主无恙了。"

到了江东，周瑜、鲁肃等一干官员出来迎接（见图）。周瑜一见刘备才带了二十多人，心里高兴，准备按计行事，在宴会上用埋伏的刀斧手杀他。酒过三巡，菜过五味，周瑜起身给刘备敬酒。走到刘备跟前，忽见刘备身后一员大将，身高八尺，虎背熊腰，手持宝刀，威风凛凛，有如天神。周瑜吃了一惊，忙问这是何人。刘备答道："这是我二弟关羽。"周瑜问道："莫不是诛文丑，斩颜良，过五关，斩六将的关云长吗？"刘备道："正是。"周瑜惊出了一身汗，心想幸亏没有贸然行事，否则后果不堪设想。

刘备平平安安地蹭了顿酒，回家去了。

三打白骨精

这个故事出自《西游记》的《三打白骨精》，是这本书里最脍炙人口的一段。孙悟空、猪八戒和沙和尚保着唐僧去西天（今印度）取经。这一天来到一片怪山之中。孙悟空觉得情况不妙，就用金箍棒在地上画了个圈，让唐僧师徒三人坐在圈里，自己去探路。

这山里有个妖怪，是千年的白骨修行而成的。她听说唐僧路过这里，就想着把唐僧吃了，好长生不老。谁知当她隐身前去，明明看见唐僧坐在那里，却被地上的圈圈发出的光挡住，怎么也冲不进去。她想："我得引诱他们自己走出圈

三打白骨精

来。"于是先是变成个妙龄少女,后来又变成老婆婆、老公公。每次骗得唐僧他们出了圈,白骨精刚要得手,就被及时赶回来的孙悟空识破,一棒子给打跑了。唐僧肉眼凡胎,不识妖怪。看见孙悟空屡次三番的"打死人",气得念起了紧箍咒,惩罚孙悟空。

这还不算,最后唐僧竟然把孙悟空赶走了。白骨精乐不可支,顺利地俘虏了唐僧。猪八戒一看事情不好,去花果山用激将法把孙悟空请了回来。孙悟空与白骨精大战了一场(见图),最终打败了白骨精,救出师父,师徒四人这才继续往前走。

岳母刺字

这是发生在北宋末年岳飞抗金兵的故事，连同"尽忠报国"四个字一样，中国人都知道。

那时北方的金国日益强大，金兀术率大兵南下，北宋朝廷无能，被占了首都汴梁（今河南开封）。徽钦二帝也成了俘虏。岳飞有意从军抗敌，却因考试不公，枪挑了小梁王后，和朋友们回家闲居。不久，农民起义军杨幺派了副将王佐来劝说岳飞反叛腐败的朝廷。岳飞没有同意。

岳母刺字

王佐走后，岳飞把这件事情说给了母亲听。岳母听罢，沉思了片刻，就让岳飞在堂屋摆下香案，然后跟儿媳一同出来。大家一起拜天地祭祖先。礼毕，岳母对岳飞说道："儿啊，做娘的看你不贪富贵，甘守清贫，是个好孩子。但恐我死后，你会做出不忠不孝之事，故我今日要在你背上刺下"尽忠报国"四个字。愿你做个忠臣，尽忠报国，流芳百世，我也就含笑九泉了。"

岳飞听罢说道："母亲说得有理，就给孩儿刺字吧。"

说罢，脱下半边衣服，露出肩膀。岳母先在他背上写了"尽忠报国"四个字，然后取过绣花针，在他背上一刺，只见岳飞的肉一抖。岳母问道："我儿痛吗？"岳飞道："母亲还没刺呢，怎么问孩儿痛不痛？"岳母流下泪来："孩子，你怕为娘手软，故意说不疼。"说罢，咬紧牙关刺了起来（见图）。刺完，取过儿媳手里的墨涂在字迹上，便永远不褪色了。

这是不是文身的鼻祖呢？

羲之爱鹅

东晋大书法家王羲之的字，舒展畅快，刚劲奔放，深得人们追捧。他在会稽做官时，某日闲来无事出外游玩。这时正是夏末秋初，天气凉爽宜人。王羲之走到半路，遇见一位叫卖扇子的老妇人。只听她嗓门都喊劈了，也没人买她的扇

羲之爱鹅

子。王羲之知道是季节不对的原因，心里不忍，就拿过几把扇子，在扇面上一一写上一些字。老妇人一见这人把扇子给染上墨了，正要发脾气，王羲之却对她说："你再叫卖扇子时，说扇子上有王羲之的字，肯定能卖好价钱。"那老太太半信半疑地一试，果然满载而归。

王羲之还有一大爱好是喜欢鹅。听说某地一老妇人养有一只鹅，嗓门极大，声音清亮，有时似高山流水，有时若古琴低鸣。于是他特地驱车前往观赏。老妇人听说王羲之要来，心说一个乡下有什么好玩的，准是想吃口新鲜的。家里没别的，就一只鹅，于是便殷勤地将那只鹅宰杀烹熟款待王羲之。王羲之一见，气也不是，恼也不得，长叹了好几天，怪自己把那只鹅给害死了。

南方水多，养鹅的人家不在少数。手下知道王大人喜欢鹅，就到处寻访好鹅。一日，得知山里有一位道士，养了一群好鹅，赶紧告诉王羲之。王羲之又驱车前往。一见之下，那群鹅个个仙态翩翩，果然出众（见图）。王羲之喜欢极了，就求道士卖给他几只。道士起初不肯，后来一想，难得这位大书法家有求于自己，何不趁机讨个墨宝呢，就请王羲之写一篇《道德经》来换一群鹅，王羲之一口答应。等价交换，两相情愿。

三娘教子

这是一个发生在明朝景泰年间的故事。书生薛衍屡试不中。在家待得郁闷，就想到开封去闯世界。临行前，他召集三个老婆，说明自己要外出，问她们如果自己遭到不测，她们将如何。大老婆二老婆就指天赌咒道："妾当一心守节，大门不出二门不迈。"三老婆只是说："我做我应该做的。"

薛衍到了开封，到一家小旅馆投宿，正好遇见一位客人生了重病。薛衍略通医术，就把病人冯谦给治好了。冯谦正没事干在这里漂着，就拜了薛衍为师，跟他走街串巷地行医为生了。

三娘教子

一日在街上，薛衍遇见已经当了开封市市长的老同学于瑾。于瑾见老同学穷困潦倒，就让他给自己当文书。后来还向皇帝推荐了薛衍，在皇帝打猎时护驾带聊天。

那个冯谦冒用薛衍的名义继续"行医"。不久从马上摔了下来，一命呜呼了。事情传到薛衍老家，大老婆二老婆以为丈夫死了，就先后改嫁了，只有三娘带着丈夫的儿子绮哥和一老仆艰难度日（见图）。某日，绮哥听同学说三娘不是自己的亲娘，便回家询问。三娘正在织布，一听这话，气得割断了织布机的机头，流着泪对绮哥痛说家世。绮哥听罢，感激地跪倒在地，从此刻苦读书。

又过了几年，薛衍因救驾有功，封了兵部尚书，荣归故里，才知道家里的变故。此时绮哥也中了状元，一家人皆感谢三娘的贤惠和教子有方。

从此，三娘成了中国妇女们学习的榜样。

千里眼顺风耳

故事出自《封神榜》。说的是商纣王手下有两员大将，他们是千年的桃树精和柳树精变的，一个叫高明，一个叫高

千里眼顺风耳

觉。高明眼睛好，人称千里眼，高觉耳朵强，人称顺风耳（见图）。好到什么程度？据说姜子牙老爷爷每说一句话，都让顺风耳给听了去，每设一个计，都被千里眼看见。把姜老爷子气得没办法。

姜子牙手下大将杨戬见此状况，就悄悄地来到金霞洞请教玉鼎真人。真人告诉了他这两个妖怪的来历，并与杨戬共同设下一计。杨戬回到军中，姜子牙问他干什么去了，杨戬唯恐泄露天机，就给支吾过去了。然后，杨戬来到阵前，指挥士兵舞动红旗，擂鼓鸣金以迷惑千里眼和顺风耳的视神经和听觉。这时，杨戬才把和真人定下的计策告诉姜太公。

这边千里眼、顺风耳听得周营里锣鼓喧天，走出帐来，只觉头晕目眩，震耳欲聋。姜子牙趁此机会到棋盘山上，把桃树和柳树连根拔出，并放火焚毁，断了二妖的根。

晚上，高明高觉前来劫寨，姜子牙早已有准备，而两妖却因断了根法力全无。周兵轻而易举地灭了两妖。

山中宰相

这幅画讲的不是故事，而是个人物。南北朝时有一位思想家名叫陶弘景。此人年幼时得到一本修行的书，讲的是一个凡人如何修行成仙，于是立志要修成仙人。最后虽然没成了仙人，但自学成才，懂道术、爱山水、工书法、知天文、晓地理，还琴棋书画样样精通。但他跟许多文人志士一

山中宰相

样，不愿出来做官。齐高帝当朝时曾请他给太子和诸王爷当伴读。以后，陶弘景远离尘世，隐居曲山，自号"华阳居士"。梁武帝知道陶弘景精通阴阳五行、山川地理、天文气象，对他尊敬有加，逢到有凶吉未卜、祭祀征讨的大事，都去请教他（见图）。被人尊称为"山中宰相"。

陶弘景一生喜爱松树，满院子种的都是松树。每当风儿吹过，松枝发出沙沙的声音，令他如痴如醉。他常常独自一人跑到深山老林去，就为倾听松涛之声。见到他的人都以为他是仙人。

雪中折梅

　　这个片段出自《红楼梦》。自从盖好了大观园，众佳丽在园子里玩得好生高兴，这令住在外地的薛宝钗的堂妹薛宝琴很是眼馋，这一年进京拜见贾母，同来的还有好几个女眷，大观园一下子热闹了许多。

　　冬天到了，一场大雪过后，园子里红装素裹，一派妖娆景象。这天，众才子佳人们聚在一起玩她们最喜欢的游戏：写诗。贾宝玉这个女孩儿群里唯一的男子被派去采花。他折了一枝红梅花。于是大家纷纷以"红""梅""花"为题做

雪中折梅

起了诗。

岫烟的诗第一句是："桃未芳菲杏未红，冲寒先喜笑东风。"，扣了"红"字，李纨的诗开头句是："白梅懒赋赋红梅，逞艳先迎醉眼开。"，和了"梅"字，宝琴的诗是这样的："疏是枝条艳是花，春妆儿女竞奢华。闲庭曲槛无余雪，流水空山有落霞。幽梦冷随红袖笛，游仙香泛绛河槎。前身定是瑶台种，无复相疑色相差。"她用的是"花"字。

一番评论之后，大家一律称赞宝琴的诗好，宝琴一高兴，又去摘了一枝花来。贾母过来给众姑娘助兴，正好看见宝琴折花的景象，竟像画中仙女一般（见图），看得老太太都呆了，差点想把她许配给宝玉。一问之下，听说宝琴已有了人家，这才作罢。

商山四皓

画中的四位老迈年高的白胡子老人，就是汉朝被称作"商山四皓"的四位能人。他们是秦末汉初时期出名的四位学者兼谋士，名叫东园公、角里先生、绮里季和夏黄公。这四位有什么特别的呢？据说他们个个通今博古，满腹经纶。但见世道混乱，无意做官，于是躲进深山，潜心研究学问。这一研究，就是几十年，各个胡子都研究白了。

汉高祖刘邦在当皇帝之前，曾有一个发妻，名叫吕雉。吕雉生有一子刘盈。后来刘邦在打仗时一次兵败被人追杀，

商山四皓

躲进老百姓家，看上了人家的女孩子，就带她一起去打仗，后来又娶了那姑娘当了二房。这就是戚夫人。戚夫人生了个儿子，起名如意。这一来，矛盾就产生了。刘邦喜欢如意，加上太子刘盈生性懦弱，常有废长立幼之意。吕后为此天天寝食不安。她去请教张良，张良怕废长立幼弄出乱世来，建议吕后去找"商山四皓"。本来不问世事的这四个高人也怕废长立幼弄得世道不太平，便一起出来做了太子的老师。

一天，刘邦与太子一起吃午饭，席间，见太子身后站着四位白胡子老者，一问之下，才知道他们就是商山四皓。刘邦知道他们有能耐，又看到人心向背，这才维持了刘盈太子的地位。后来，刘盈做了汉朝的第二个皇帝，就是汉孝惠帝（前194—前188年在位）。但他究竟还是懦弱，再后来，他的母后吕雉掌握了实权。

穆桂英招亲

故事出自《杨家将》。杨家将中老令公杨业的孙子杨宗保为抗击辽军，要到穆柯寨强取降龙木，不料遭到武艺高强的穆桂英的拒绝，还吃了败仗，自己被穆桂英给生擒了。谁知这一仗让穆桂英对杨宗保生出了爱意。她回到帐中，听说

穆桂英招亲

她手下的一位将军穆瓜把杨宗保捆在了牢里，心疼地直跺脚："哎呀！你，你怎么能捆他呢？"穆瓜晕了："敌军俘虏嘛，不捆起来跑了怎么办？"穆桂英稍带腼腆地问："你看那员小将是否有些英雄气概？"穆瓜点头道："他倒是个好样的。"穆桂英又小声问："那你看我……和他……"穆瓜看着穆桂英绯红的脸，终于醒悟了："啊，那，我去说说？"

谁知，起初杨宗保还不乐意。穆桂英只好亲自出马。杨宗保见到穆桂英，把头一扭："要杀就杀，别耍什么花招！"穆桂英假装没听见，羞答答地看着墙："你若答应了这门亲事，我就把降龙木给你，并率领全家投宋军，你何苦非要死要活的呢？"杨宗保依旧磨不开面子。穆桂英动之以情晓之以理地劝说，令杨宗保心服口服，不禁由敬生爱，再看看穆桂英身材健美，想想她武艺之高强，心想："我要能有这么一位妻子，该有多好啊。"终于答应了穆桂英的求婚。

当天，穆、杨二人在帐中商量好了婚事（见图），请来全家大小和众位将领，欢欢喜喜地拜了天地，结成了同抗辽敌流芳百世的英雄夫妻。

摔琴谢知音

春秋时期有一位弹古筝的高手名叫伯牙，他弹琴的技艺高超至极，可惜那些曲子很少有人能听得懂，这令他很是苦闷。

摔琴谢知音

　　有一回，他乘船出游，夜间在汉阳江口泊船。那天正好是中秋，伯牙一高兴，就坐在船里弹起琴来（见图）。谁知弹到一半，琴弦突然"啪"的一声断了。伯牙大吃一惊。他知道如果有人偷听，琴弦就会断。这时，从山里走出一人来，那人道："对不起，我上山打柴，听见您悦耳的琴声，不觉入神了。没想到惊了大驾，实在抱歉。"伯牙心想：一个樵夫，竟然爱听我弹琴？有意思。于是邀请那樵夫进船一谈。原来那人名叫钟子期，家中穷困，靠他打柴度日。伯牙与子期两人谈琴论乐，十分投机，伯牙弹一曲，子期就说："志在高山。"又弹一曲，子期又说："志在流水。"伯牙大为高兴，认定他是千古难寻的知音，就和他在船上结拜了兄弟，并约定一年后在这里再见面。

第二年中秋夜，伯牙如约而至，却总也不见子期的影子。于是他便拿出琴弹了起来。琴声低沉悲凉，如诉如泣，但还是没把子期给引来。第二天伯牙就上岸去找。在路上巧遇子期的老父亲。他告诉伯牙，他儿子几个月前去世了，临死前让把他埋在岸边，以不负中秋之约。伯牙来到子期坟前，边哭边弹。然而围观的群众里还有人拍手叫好。伯牙仰天长叹道："子期不在啦，哪里还有我的知音？"然后，他扯断了琴弦，把琴摔在石头上，以谢知音。

子猷爱竹

晋朝大书法家王羲之有七个儿子，子猷是王羲之的三儿子。此人一生放荡不羁，即使做官也整天蓬头垢面，衣冠不整，而且从不升堂问案，最后给降成了弼马温。可人家问他官称，他不知道，问他手下有多少匹马，他也不知道。他说："我根本就不喜欢马，管它多少匹呢！"

他不爱财，不爱做官，可极其喜爱竹子。真正是"宁可食无肉，不可居无竹"。

有一次，他听说吴中有一户人家种有名贵的竹子，就日夜兼程驾车前往。果然见到了一片好竹子，真是个个出类拔萃，枝枝青翠欲滴，绿枝生凉。子猷激动得呆了，站在竹林

子猷爱竹

前久久不动一下。主人连忙叫人给他搬来椅子让他坐着看，可连叫数声，他竟是充耳不闻。天色渐渐暗了下来，书童几次提醒他该回家了，子猷这才恋恋不舍，一步三回头地往人家院子外走。走了一程，又探出头对赶马车的人说："回去，再回去！"到了院外，人家大门已经关了。子猷只好站在大门外，隔着院子的篱笆墙又看了两小时（见图）。

子猷喜欢旅游，每到一处，哪怕是借朋友的房子小住，也要命人赶紧种竹子。朋友奇怪地问道："你住不了几天，费什么劲呢？"他笑道："一天没竹子也不能活呀。"

他爱竹的名声后来竟与他爸爸的书法几乎齐名了。

西天取经

　　唐贞观三年到贞观十九年（629-645年），僧人玄奘从唐朝国都长安出发，历经千辛万苦，用了十七年的时间，到达了天竺（今印度），并在那里得到了佛教的真传。明代小说家吴承恩在历代口口相传的基础上，写成了长篇小说《西游记》，在本身就具有传奇性的故事里又加进许多神话色彩。从此，孙悟空、猪八戒、沙和尚等形象在中国是家喻户晓，老幼皆知（见图）。

西天取经

巧施连环计

故事出自《三国演义》。东汉末年，太师董卓挟天子以令诸侯，专横跋扈，人人欲得而诛之。很多忠心于汉室的官员都想杀了他，却因行事不周密而被杀。司徒王允为此日夜不安，琢磨计策。

有一天，王允半夜里睡不着觉，一个人到后花园散步。他正忧心忡忡对月长叹，忽然听见一名女子在牡丹亭边长吁短叹。他走过去一看，原来是自己府中的歌女貂蝉。王允看

巧施连环计

着貂蝉美丽的身影，突然萌生了一条计策。他以拐杖击地（见图），大声说道："想不到拯救汉室的竟是你这一弱小女子！"说完，请貂蝉到房间里去，屏退仆人，亲自为貂蝉搬了一张椅子，请她坐下，然后，王允道："董卓专权，作威作福，人人恨不能亲手杀了他。无奈他的义子吕布武艺超群，无人能够抵挡。但董卓有个弱点，极其好色。我想用一个连环计，先把你许给吕布，再献给董卓。这样一来，他们二人必定会产生矛盾。你要从中见机行事，务必让吕布杀了董卓。当然，这一来就委屈你了。"貂蝉道："上为国家除害，下为报答您的厚爱，我一定尽力为之，定要让这条计策成功。如若不然，愿死于万仞之下。"

后来，在貂蝉机智的努力下，果然唆使吕布杀掉了董卓。

张良进履

战国时期韩国有个高干子弟叫张良。后来，韩国被秦国给灭了，张良咽不下这口气，他决心刺杀秦始皇，以报灭国之仇。但几次都没成功。他觉得自己本事不够，就到处打听有没有什么高人，好教他复仇的办法。

某日清晨，张良散步来到一座桥旁，见一位老人坐在桥上跷着腿哼曲。见张良走过来，右腿一踢，把鞋给甩到桥下。然后，他对张良说："小子，去把鞋给我捡上来！"张

张良进履

良看到那人须发皆白，就忍着气下到河里，把鞋给捡了上来。谁知那老人竟得寸进尺："给我穿上！"（见图）张良一愣，随即乖乖地照办了。那老头穿上鞋，连个谢字都不说，转头就走了。张良知道一定是有点来头，就跟着他走。老人见他尾随着自己，就回头对他笑道："好小子，有点出息。我乐意教导你。五天以后，你早上还到这座桥上来。"张良闻听此言，喜得赶紧下跪拜师。五天后，天刚亮张良就来了，一看桥上，老人竟然已经在那里了。又过了五天，鸡刚叫头遍张良就去了，谁知老人又已经在那里了。第三回，张良怕再迟到，干脆头天晚上就去了，在桥上边睡边等。老人见张良诚心诚意，就送给他一本兵书，它是姜太公所著《太公兵法》。

这以后，张良日夜攻读此书，并等待时机。没过多久，秦二世暴政，群雄四起。张良凭借着一肚子学问，帮助刘邦起事并成为刘邦的左膀右臂，成为建立汉朝的大功臣。

三顾茅庐

这是《三国演义》里人尽皆知的一段故事。说的是徐庶向刘备推荐了诸葛亮后，刘备就惦记着去请这位隐居山里的

三顾茅庐

能人出山。

一日，刘备带着二弟关羽、三弟张飞出城二十里地来到隆中。三人一路放马来到孔明舍下。一个小童说孔明先生出门访友去了。什么时候回？不知道。刘备等人怅然而归。

又过了几日，刘备打听到孔明先生已经回家，于是叫上那关羽、张飞又去了。这天正是隆冬季节，鹅毛大雪铺天盖地，山川野地银装素裹。结果小童说孔明先生昨日又出游去了（见图），问："何时归来？"答："少则三五日，多则半个月。"刘备叹道："我怎么这么倒霉呀。"回到新野，闷闷不乐。

不久，春天来了，刘备准备再上卧龙岗。关羽、张飞听说，一齐来劝他。但刘备不听，三人只好又一同来了。到了孔明家，小童告诉他们说，这回孔明先生倒是在家，可现在正睡午觉。刘备叫关张二人院外等候，自己进院去，站在门口台阶下静候。关张二人等了半天没动静，伸头往里一看，哥哥正毕恭毕敬地站在那里。张飞顿时怒从心头起，恶向胆边生："这人如此傲慢，等我去屋后放把火，我看他起不起来！"

又过了一个时辰，孔明才醒。打了个大哈欠，口中诵道："大梦谁先觉，平生我自知。"然后问："有客人来吗？"小童答道："刘备先生已经等了半天啦。"孔明道："怎么不早叫醒我！快请进。"这就是有名的"三顾茅庐"。

夜战马超

　　这也是《三国演义》里的故事。

　　马超是将门之后。其父马腾因刺杀董卓未遂而被害。父亲死后，马超投奔了占据汉中的张鲁。这时，刘备正领兵攻打益州。马超受张鲁之命前来保卫葭萌关。

　　次日天明，马超兵到。只见门旗影下，马超银甲白袍，狮盔兽带，纵骑挺枪而来。刘备看罢叹道："人说'锦马超'，果真名副其实。"为了先避避他的锐气，任凭关下马超往来挑战，刘备就是不让张飞出战。直到见马超人困马

夜战马超

乏，才选了五百骑，跟着张飞冲出了关。张飞叫道："认得你张爷爷吗？"马超道："我家世代公卿，哪里认得什么山野屠夫！"张飞大怒，二马齐出，两枪并举，战了一百回合不分胜负。刘备怕兄弟有闪失，命令收兵。

张飞稍事休息后再次出战。又是百余回合未见输赢。看着天色已晚，刘备再次鸣金收兵，张飞打得正在兴头上，哪里肯罢手。大叫："不，誓死不回！给我多点火把，我要夜战！"马超回去换了马匹，冲张飞大叫："敢夜战吗？"张飞叫道："不抓住你，我誓不回关！"马超也叫道："不胜了你，我誓不返寨！"两军点起上千支火把并齐声呐喊，照得关下如同白昼一般。张飞马超你来我往大战了一天一夜（见图），未见输赢。

诸葛亮爱惜马超是个人才，就用计将马超困住，又使人劝降。马超知道张鲁不是什么人物，就降了刘备。

大闹朱仙镇

这是《说岳全传》里的故事。金兀术率领六十万精兵，浩浩荡荡杀奔朱仙镇而来。岳飞急忙与韩世忠等四位元帅领兵六十万赶到朱仙镇，并扎下十二座大营与金兵对峙。

一连几次战役，金兀术都吃了败仗，军师哈迷蚩献计道："狼主不必心急，待我摆下一阵，名曰'金龙绞尾阵'。狼主可通知岳飞，叫他停战一个月。待我准备得当

大闹朱仙镇

后，必定能生擒岳飞。"

　　一个月后，金兀术来下战书。岳元帅定下来日决战。

　　第二天，三声炮响之后，只见宋军之中冲出十员大将，每人手挥两把大锤，后面还有使棍子的。金兵是撞到锤成了肉饼，挨到棍人仰马翻（见图）。金营里一声号令，变了队形，包围了过来。正在此时，岳飞和韩世忠分别从左右两边杀了过来，金兵急忙又变换阵脚，重新围了上去。一时间两军杀得是天昏地暗，日月无光。

　　正杀得难解难分之际，阵外忽然杀来三位少年英雄，原来是狄雷、樊成、关铃听到这边正在与金兀术大战，自愿前来助阵。这一下打乱了金兵的阵脚，把个"金龙绞尾阵"冲得七零八落。

岳家军在朱仙镇大败金兀术。这一仗直杀得金兀术望风而逃，元气大伤，悄悄退回了金国。

麻姑献寿

这是一个流传很广的神话故事。相传农历三月初三是住在昆仑山上的西王母的寿辰，每年的这一天，她都要设蟠桃宴款待八方神仙。自然，赴宴的神仙们也少不了要带礼物

麻姑献寿

去。麻姑没来得及准备礼物，只好到河边舀了些水，加上灵芝草配成药酒送了上去（见图）。不过传说的版本不尽相同，有的说是送酒，有的说是送鲜桃。这以后，凡有女人过生日，人们常常要送一幅《麻姑献寿图》。

据说麻姑确有其人，她是东汉桓帝时期的人（147—167年在位），是个善良而美丽的姑娘（我原来还以为她得过天花落下点儿遗憾呢），因家境贫寒，出家后在姑馀山修道成仙。她能把米变成珍珠，分给穷人。经济危机时来这么一手，倒是不错。可惜没人知道她在哪里。

牧童遥指杏花村

这是根据唐朝诗人杜牧的诗《清明》中的两句话画的。诗曰："清明时节雨纷纷，路上行人欲断魂。借问酒家何处有？牧童遥指杏花村。"就这两句话，给山西增加多少商机啊。到底有没有杏花村这么个村子，恐怕谁也说不清。

清乾隆年间的纪晓岚曾经给这首诗减肥。他说："第一句里'清明'和'时节'重复了；第二句里'行人'自然是在路上喽，所以'路上'二字属于多余；第三句里'酒家何处有'就含有问的意思，因此'借问'两个字也是多余的；最后一句，非得牧童指吗？谁指不行啊，因此'牧童'二字可以不要。"因此，将整首诗从七绝简化成了五绝："时节雨纷纷，行人欲断魂。酒家何处有，遥指杏花村。"

牧童遥指杏花村

才子就是才子呀。

如今杏花村在哪里，倒没几个人知道，只知杏花村的酒到处都是。

风雪山神庙

这段故事选自《水浒传》。东京八十万禁军教头林冲。妻子被高衙内调戏后，自杀了。自己还遭到太尉高俅的陷害，被发配沧州。到了沧州，总算有老朋友照顾，没让他去蹲大狱，而是去看一个军用草料场。

在一个风雪交加的日子里，郁闷的林冲坐在四处透风的小破屋子里，几乎冻僵了。他觉得浑身发抖，就扛起他的花枪，挑着一个酒葫芦到附近的小酒店打酒（见图）。

在酒店里喝酒的工夫，雪下得更大了。他回来后发现自己栖身的那间小破屋竟被大雪压塌了一块。林冲想起离这里不远处有座山神庙，就从破屋里扒出一条棉被，直奔山神庙而来。进了荒芜已久的庙，把门掩上，他就裹着被子一人

风雪山神庙

喝起了闷酒。忽听得门外噼里啪啦的乱响。他急忙起身，从门缝里一看，那草料场连同破屋子竟然着起了大火。林冲正要推门出去救火，就听门外有人说话："这回不烧死他也得治他个渎职罪，罪加一等，恐怕脑袋就保不住了，哈哈！"听声音竟是他的"好友"陆谦。才知道陆谦早已被高俅收买，一路追着要害他。林冲不禁怒火中烧，大喝一声："无耻之徒，哪里跑！"只一枪，结果了姓陆的狗命，然后一不做二不休，把同来的另外两个人也结果了，然后一口气上了梁山。

狐仙婴宁

这是《聊斋》里的一个故事。有个书生叫王子服，从小聪明伶俐。子服成年后，他母亲给他定下一房媳妇，谁知还没过门呢，媳妇就病死了。子服十分沮丧。

元宵节到了，子服跟着表兄吴生去郊游，忽见一位美貌少女迎面走来。那少女衣着光鲜，笑靥生花，手拿一枝梅花。子服呆呆地看着她如遭雷击。那少女见此情景，把花扔在地上，笑语连声而去。

子服捡起那枝梅花，怅然不已。回到家里就病了。整天不吃不喝，光是看那梅花。几天的工夫，人就瘦了一圈。他妈妈急得不知所措。恰巧在此时，表兄吴生来访，子服一见表兄，声泪俱下："你可害死我啦！"表兄问明原因，就骗

狐仙婴宁

他道："嗨，我以为出了什么了不起的大事呢。你看中的那个女孩就是你姨的女儿，名叫婴宁。他家住在离这里三十里地的南山。你要喜欢她，我去给你说说。估计问题不大。"子服一听，病就好了一半。

又过了几天，能下地走动了，可表兄却还没来回话。子服忍无可忍，心想：不就是姨母家吗，我自己去就完了呗。于是迫不及待地去了姨母家。

到了姨母家，果然见到了淘气的正在爬树的婴宁（见图）。他向姨母提亲，很快获准。婚后才知婴宁和"姨母"都是狐仙变的。但夫妻感情依然很好。婴宁还给子服生了两个孩子。

画龙点睛

南北朝时期有一位画家叫张僧繇，他是苏州人，在梁武帝天监年（502—519）当过右军将军和吴兴太守，文武全才。非但如此，他闲暇之余还爱画画，擅长画人物、动物，常常为佛寺画宗教壁画。凡是看过他作品的人，都说他的画骨气奇伟，规模宏大，六法具备。张僧繇画的龙，尤其神奇。

画龙点睛

有一年，他在金陵（今南京）的安乐寺墙上画了四条龙（见图）。它们个个都栩栩如生，呼之欲出。但每条龙都没有画眼睛。有人问他："这么精彩的龙，可惜都是瞎的。为什么不画眼睛呢？"他说："我不敢画呀，一旦画上眼睛，只怕它们就会飞出去了。"人们都不相信，说他吹牛撒谎。张僧繇无奈，只好当众在某条龙的眼睛部位点了一下。刹那间天空中电闪雷鸣，那条龙昂头躬身，破墙而出，驾上云彩，上天去也。一会儿，云气散去，那墙壁上只剩下三条未曾点过眼睛的龙了。

这就是成语"画龙点睛"的来历。

错泄机关

这个故事选自《红楼梦》。贾宝玉对做官十分反感，认为官场太虚伪。林黛玉是唯一支持这种观点的人，因此两人一直很要好。当二人进入情窦初开的年纪，这种友谊自然地发展成了爱情。

可贾府上下都希望老于世故的薛宝钗当这家的儿媳妇。薛、林二人因此被迫卷入争夺宝玉的斗争中去。贾府的人看出宝玉钟情于黛玉，足智多谋的二奶奶王熙凤定下了一个"调包计"，对正在生相思病的宝玉说要举行婚礼了，对象是林妹妹。宝玉信以为真，高高兴兴地等待着婚礼。

林黛玉对这一切全不知情，这天，她在园子里散步。走

错泄机关

到一块大石头后面，看见粗使丫头傻大姐在那里哭。她上前询问：“你是谁屋里的丫头？”傻大姐回道：“我是老太太屋里的，名叫傻大姐。”黛玉问：“你为什么哭呢？”傻大姐真是傻，也不问问眼前的人是谁，就实话说道：“还不是因为宝二爷要娶薛宝钗的事！”黛玉一听，脑袋“嗡”的一声，眼前直冒金星。她定了定神，把那丫头叫到僻静之处，细问原委（见图）。傻大姐说：“我也不知道他们是怎么商量的，只是让我给宝玉和宝钗准备婚事，还不让说出去。我就问，‘以后管宝钗叫宝姑娘还是叫宝二奶奶呢？’就为这，就挨了打，还说要把我赶出去。”黛玉听到这里，如同五雷轰顶，一口鲜血吐出，昏倒在地。

过了几天，就在宝玉和宝钗结婚的那个时辰，林黛玉满怀悲愤离开了人间。

三碗不过冈

这是《水浒传》里的故事。山东好汉武二郎武艺高强，胆大过人。某一日过阳谷县，走得又渴又饿，远远地看到有个小酒馆。

武二郎坐定之后，要了一碗酒，一盘牛肉，就喝了起来。一口气喝完第一碗，叫道："好酒！再来一碗！"店小二应声道："来啦！"给他添了一碗。这碗喝完，他又要了一碗。等到第三碗喝完了，武松连叫了几声，却不见店小二添酒。武松正要发火，店小二出来了："客官，你不曾见我家门口的招子上写有'三碗不过冈'吗？"武松问道："见了，那是什么意思？"店小二说："凡到我家喝酒的，只三碗就会喝醉，过不得前面的景阳冈，这就是'三碗不过冈'的意思。"武松正喝到兴头上，听了这话，有些不高兴："少啰唆，快快上酒来！"店家见他高大勇猛，不敢惹他，只好又拿了三碗给他。喝完这些，武松还要，不给就发脾气。店家不敢惹他，只好任他喝了十八碗。

武松喝完酒，把钱放在桌子上，提起包袱和哨棒出门去了。店小二见他出门，就追出来问他："客官要到哪里

三碗不过冈

去？"（见图）武松道："我为何要告诉你？"店小二说："前面就是景阳冈。那景阳冈上有只老虎，常常伤人，这几天已经有二三十个人被老虎给吃了。官府通告说，凡有过冈的行人，必须白天结伴而行。你不如在我家店里歇一晚上，明天一早再走。"武松道："干吗，你想要我住下，好图财害命吗？"遂不理会他，大步地向着景阳冈走去。

陶渊明爱菊

世人都晓陶渊明爱种豆，殊不知他还有一个癖好是爱菊。这个爱好是从陶老的诗句"采菊东篱下，悠然见南山。山气日夕佳，飞鸟相与还。此中有真意，欲辨已忘言"中推测出来的。以上三句诗是陶渊明的《饮酒》诗中的第五首的后半截。

陶渊明是东晋浔阳人（今江西九江西南）。陶家从曾祖父起就做官，一代一代越做越小，到了他这辈，从二十九岁起便做了官，但都是小官，管管祭酒什么的。这种官的主

陶渊明爱菊

要工作是应付上级检查。以陶渊明的脾气，看上级脸色是他最不爱的。他说："闲居三十载，遂与尘事冥。诗书敦宿好，林园无世情。"表达了他憎恶俗世，喜好自然的心情。四十一岁那年，陶渊明任彭泽县县官。上任才八十多天，一天，他的上级郡督邮来此巡查，陶渊明的属下教给他应如何讨得上级欢心，陶渊明叹道："我不能为五斗米折腰，拳拳事乡里小儿！"当天就辞官离去，还写了《归去来兮辞》。瞧，多大脾气呀。这都是世世代代的文人家庭给惯的。不过官没当好，他到出息成了一个大文豪。我看这比当个小官强多了。他的《饮酒》《五柳先生传》不但让他流芳百世，也为后世骚人留下了宝贵的精神财富。

大闹野猪林

这是《水浒传》里的故事。鲁智深因喝酒闹事，被轰到了东京大相国寺里去种菜。在这里，他跟东京八十万禁军教头、豹子头林冲一见如故，结成了异姓兄弟。

林冲的上级领导高俅有个义子叫高衙内，是个花天酒地无恶不作的人。高衙内看上了林冲美貌的妻子，为了让自己的义子能霸占林妻，高俅设下阴谋说林冲"带刀行刺"，林冲被判发配沧州。

在押解沧州的路上，差役董超和薛霸收了高俅的贿赂，对林冲百般折磨。这一天，他们来到了一个叫野猪林的荒无

大闹野猪林

人烟的树林子。两名差役决定在这里完成杀死林冲的任务。两个家伙把林冲连人带枷锁给捆在了一棵大树上。捆好了之后，董超对林冲说道："林教头，不是我们哥俩要害你，这是高太尉的安排。明年的今天，就是你的周年。"说罢，举起手里的水火棍就要打将下来。林冲心知躲不过去了，闭起眼睛长叹了一声。正在千钧一发的时刻，随着"哇呀呀"一声大喊，只见那水火棍"嘡"的一声便飞上了天。林冲睁开眼一看，原来是拜把兄弟鲁智深前来相救。他又一下子打飞了薛霸的棍子，两名差役看清了这个胖大和尚功夫了得，赶紧趴在地上求饶（见图）。原来是鲁智深算定了高俅要使坏，他放心不下，一路跟了来。在关键时刻救了林冲一命。之后，鲁智深一路护送林冲到了沧州。按鲁智深的意思，去什么沧州，直接反了得了。可林冲有组织有纪律，非要到沧州监狱报到不可。

倒拔垂杨柳

这个故事出自《水浒传》。鲁智深原名鲁达，是陕西渭州经略府的提辖。因为三拳打死了霸占民女的恶霸镇关西，逃到了五台山当了和尚。主持给他起了法名叫智深。他一个

倒拔垂杨柳

武夫出身的人哪里经得住当和尚的素食和寂寞呢，每日里不是喝酒就是吃肉，还逼着别的和尚吃。某日发酒疯闹事，众和尚集体要求驱逐他，主持不得不把他派往东京汴梁，到他朋友管事的大相国寺去当差。大相国寺的主持受了委托，也知道鲁智深是个什么人，就没让他吃斋念佛，而是去看守菜园子。

菜园子周围有二三十个无赖，听说来了新看守，就打算给他来个下马威。没想到这个新来的"看守"武艺高强，把几个无赖踢进了粪坑。这下他们老实了，第二天还拿来酒菜，有心结交鲁智深。大家连吃带喝挺热闹，可旁边一棵大柳树上有一窝乌鸦，叽叽喳喳叫个不停。鲁智深道："烦死人了！"泼皮们为给鲁智深拍马屁，吵着要搬梯子端了那讨厌的鸟窝。鲁智深有意向他们示威，也是喝得有点高，跟着众人来到树下。他打量了一下那棵树，然后把外衣一脱，弯下腰抱住树干（见图），只听"嘿"的一声，那树根周围的土已松动了，再过了一小会儿，大树竟然被连根拔起。把那些泼皮们看得连舌头都吐了出来，半天缩不回去。

后来，鲁智深在野猪林救了林冲，自己到二龙山落草为寇去了。当然，最后九九归一，他还是到了水泊梁山。

六子闹弥勒

弥勒佛，又称布袋和尚。他有个能降妖捉怪的口袋，叫作"人种袋"。一次，弥勒佛用这个口袋收了六个童子。这六个都是本领高强的妖怪，一有机会就要到人间为非作歹，祸害百姓。所以，弥勒佛总是小心翼翼地看着他们。每次出门前，都要把他们装进口袋，随身带着（见图）。但弥勒佛要做的事太多，这样一来有时难免会有疏忽。

一日，六童子之一的黄眉儿趁弥勒佛外出之际，偷了人种袋，把唐僧、八戒、沙和尚都收到了袋里。悟空搬来好几

六子闹弥勒

路神仙，都被黄眉儿收入袋中。悟空正没辙时，只见一朵祥云缓缓飘来，原来是弥勒佛驾到。弥勒佛道："这事都怪我防范不严，我定要帮你制服了他。"于是和悟空定了计策。

悟空找到黄眉儿的住处，在门口叫骂挑战。黄眉儿举着狼牙棒出来迎战，悟空却刚一交手就假装败走。黄眉儿紧追不舍，到了一片瓜地。见一老者正在地里看瓜。黄眉儿追得口渴，就向老人索要西瓜。老人捡了一个最大的西瓜递给他，那黄眉儿看也不看，几口便将西瓜吃了进去。忽觉肚子痛。原来那西瓜是孙悟空变的。他在黄眉儿肚子里拳打脚踢，痛得黄眉儿满地打滚。这时，老者现了原形，大骂道："畜生，认得我吗？"黄眉儿抬头一看，原来是弥勒佛，只好跪在地上求饶。悟空从他肚子里出来，看着弥勒佛把黄眉儿收进了人种袋，就去他的洞里，救出了唐僧、八戒和沙僧。

黄忠请战

《三国演义》里的老将黄忠是蜀汉的"五虎上将"之一。

有一次，曹军大将张郃攻打葭萌关。关上守军向成都刘备告急。诸葛亮说："张郃是曹操手下大将，英勇善战，须得张翼德方能抵挡。"有人说张飞正在镇守军事要地阆中，不能回来，必须从帐中现有将军里挑选一人前去抗敌。诸葛亮摇头道："除了翼德，无人可以抵挡张郃。"话音未

黄忠请战

落，忽听一人大声说道："军师为何小看人？我虽然不及翼德，但斩张郃还是有富余的。"（见图）众人一看，是老将黄忠。诸葛亮仍旧摇头："将军虽然英勇，但年纪究竟大了些，抵挡张郃，我看有困难。"黄忠闻听此言，气得白发倒竖："我虽年老，照样可以开三石之弓，有千斤之力。难道不如张郃那个匹夫吗？"诸葛亮继续激他："您都七十了，就服老吧。"黄忠不再说话了，他走到堂下，取下架子上的大刀，车轮般地舞了起来，又一连扯断了两张硬弓。

诸葛亮问："将军要去，谁为副将？"黄忠说："年轻的一律不要，老将严颜可随我出征。若有闪失，请拿下我这颗白头！"刘备和诸葛亮大喜，令他二人下去备战。赵云谏道："此一战事关重大，让两个老将军去，非误了大事不可。"诸葛亮笑道："不然，我料汉中一定会由他二人手中得到。"众人半信半疑。

黄忠和严颜到了葭萌关，先是用计大破张郃，又智夺曹操屯粮的天荡山，最后还攻下汉中定军山，大获全胜。众人这才心服口服。既佩服黄、严二将的用兵能力，更佩服诸葛亮的知人善用。

裸衣斗马超

《三国演义》里的西凉大将马腾与侍郎黄奎打算暗杀曹操，事情没成反被曹操给杀了。丧事过后，马腾的儿子马超带兵二十万，杀向长安，直奔曹操，替父报仇来了。

马超武艺过人，西凉兵英勇善战，曹操手下众大将如于禁、张郃、曹洪等纷纷败了下来。

曹操手下有一员大将名叫许褚。他一身黑腱子肉，力大无比，人称"虎痴"。许褚听说曹军连吃败仗，心理很不平衡，认为若是他去，定能战胜马超。

这一天，两军再次开战。马超听说许褚不服，在阵前高喊："'虎痴'！快出来！"许褚拍马舞刀而来，与马超来来回回杀了一百回合，不分胜负。二人回阵换马再战。这一下又是一百回合，直杀得天昏地暗，还是不分胜负。许褚心

裸衣斗马超

中烦躁，浑身发热，飞马回到阵里，卸了盔甲，脱去战袍，光着膀子又杀了回来。马超一见，精神越发抖擞，与许褚又杀了起来。危机之中，许褚扔掉大刀，竟然用胳膊把枪夹住（见图）。马超往回抽枪，竟是抽它不动。只听"嘿"的一声，许褚发力将枪杆夹断了。两人各拿半截枪，又打了起来。光膀子的许褚到底吃亏，胳膊上中了两箭。众将一见，急忙退军。马超趁机杀到护城壕边，曹操兵马损伤大半，只好闭门坚守。

元春省亲

　　荣国府贾政的大女儿元春被选进宫后的一天，元春被皇上封为贵妃娘娘，皇上还恩准她第二年可以回家省亲。

　　为迎接元春省亲，贾府费了一年的时间，专门新建了一个巨大的花园，暂定叫省亲别墅。

　　第二年的元宵节，省亲的日子到了。贾母亲自率领贾政等一家人，一大清早就跪在大门外迎接。元春坐在一乘绣凤金銮大轿子里，前呼后拥地直接到了省亲别墅。看着园内亭台楼阁雕梁画栋，游廊水榭彩灯闪烁，鲜花软草争奇斗艳；

元春省亲

一座座小院子有的竹林掩映，有的芭蕉环绕，也有的稻花飘香；冬日的树上虽无花叶，却用纸绢扎成粉色的桃花，白色的杏花粘在枝干上。元春不由地叹道："太奢华了。"

转了一圈，来到正殿。大家下轿，没等说话先哭开了（见图）。最后还是元春先开口道："好不容易回家一趟，大家不说不笑，反倒哭个不停。一会儿我回去了，也不知道何时才能相见……"说着，又落下泪来。

接着，作为大姐姐的元春又和妹妹迎春、探春、惜春，以及表兄弟姐妹们一一见面。看着弟弟妹妹们都长高了，学问也有所长进，元春又是难过又是喜欢。然后就是看戏、分发了礼物等，足足热闹了一天。临走时，元春说："不要叫'省亲别墅'了吧，改成'大观园'好些。"

绝谷寻栈道

杨家将虽属家族武装，但在国家危机时，还是听令于朝廷的。这一年，大将杨宗保奉命率兵驻守西部边防抗击西夏国的敌人。正当杨宗保五十岁生日的那天，突然传来噩耗：杨宗保为探明进军道路，身陷绝谷，不幸身亡。全家悲痛欲绝，寿宴变成灵堂。

此时西夏兵大举进犯中原。朝廷内竟无一人愿意领兵抵抗。佘太君忍住悲痛，亲自挂帅，带领孙媳妇穆桂英等人出征。

绝谷寻栈道

　　杨家兵将人人奋勇，个个当先，把西夏兵杀得丢盔弃甲，逃回老营固守。穆桂英率领宋军追到山下，见一深谷挡在前方。穆桂英正要指挥部队继续前进，有一位将军急忙阻拦道："不能进去！这是一条绝谷，没有出路。杨宗保将军正是在这里坠入悬崖身亡的。"全军只好在谷外驻扎下来，进退两难。

　　回到帐中，穆桂英仔细询问了马夫张彪，认为谷内肯定有栈道可以越过天险直捣敌营。于是，她骑上丈夫生前骑过的马闯入峡谷。

　　穆桂英历尽艰险，几经曲折，靠着识途的老马和一位采药老人的指点（见图），终于找到栈道。她率领队伍顺着栈道直插敌营，又布置了其他进攻路线，里应外合，一举歼灭了西夏入侵之敌，保卫了祖国边疆，也告慰了丈夫的在天之灵。

云萝公主

这是《聊斋》里的故事，说有一家人生了个儿子，父母希望他长大了能成就一番大事业，就给他起了个名字叫安大业。

云萝公主

大业长大以后，果然人品出众，学业有成。他妈妈因梦见将来他会娶一位公主，谢绝了所有提亲的人，每天等着公主媳妇上门。可好几年过去了，也没见公主的影子。倒是把父母都给熬死了。

　　一天晚上，大业在灯下读书，忽然闻见一股浓烈的香味。他抬头一看，一个婢女模样的美妙女子从外面进来，嘴里喊道："公主驾到！"大业正惊疑不定，见四名侍女簇拥着一位窈窕淑女进屋来了。一位婢女答道："我们小姐是圣后府上的云萝公主。"大业惊喜万分，竟一时语塞，公主也低头不语，幸亏一位侍女看桌上有个围棋盘，就提议两人下围棋。大业如释重负，赶紧拿出棋子，与公主对弈起来（见图）。平常棋艺不错的大业今天不知怎么了，连吃了几盘败仗。围棋下完，公主留下一千两银子，让大业盖房。说是明年房子盖好后她再来与大业成亲。

　　大业加班加点盖好了房子，公主如期而至。当晚，大业正式向公主求婚，公主说："我本是千年的狐仙。若与你成亲，只能做六年的夫妻。若是仅做棋友，我们能相处三十年。你愿意怎么样呢？"大业表示愿意做夫妻。于是两人当晚成婚。

　　大业和公主相亲相爱地过了六年，公主为他生了两个孩子。六年后的某日，公主果然消失了。因想念公主，大业再也没有娶过妻子。

计破孙礼

　　故事出自《三国演义》。诸葛亮率领蜀军出祁山攻打魏国，由于山路难行，两军的粮草接济都发生困难。魏将孙礼于是设下一计，他带兵假装押运粮草，其实车上装的是硫黄和茅草，只等蜀军来夺粮草，就放火烧车，加上外面的伏兵，里应外合，企图一举消灭蜀军。

　　一天，诸葛亮正为粮草的事情发愁，探子来报，说魏军数千辆车在不远的山沟里正在运粮，运粮官乃大将孙礼。诸葛亮问："孙礼是何人？"手下参谋答道："孙礼是魏国大

计破孙礼

将。曾随魏主在大石山打猎，忽然一条斑斓猛虎蹿到魏主面前，孙礼下马拔剑，把老虎给斩了，从此封为上将军。"

诸葛亮笑道："此必是魏军估计我缺粮，故出此计。车上装的肯定是茅草、硫黄之类。可笑啊，我一辈子善用火攻，他竟然想用火攻对付我，我岂能上当！"于是将计就计，当晚命大将马岱引兵三千，人衔枚，马勒口，悄悄摸到孙礼的"粮车"前，放起火来。正好西南风起，火借风势，越烧越旺。烧得魏军焦头烂额。又有两路蜀军杀来，把孙礼团团围住（见图）。孙礼偷鸡不着蚀把米，带着残兵败将冒死突围了。

奇兵袭陈仓

这个故事也是出自《三国演义》。诸葛亮上表出师，起兵三十万伐魏。到了一个叫陈仓的地方，遭到魏将郝昭筑城阻挡。郝昭为阻挡蜀军的进攻，在陈仓筑起一座临时的城池。城虽不大，但沟深墙高，且布满鹿砦。一连20多天，蜀军硬是攻它不下，只好暂时退兵。

一日，探子来报，说陈仓守将郝昭生了重病。诸葛亮一听，以手加额道："大事成矣。"就把魏延、姜维二人叫来，嘱咐道："你二人领兵五千，星夜直奔陈仓城下，如见起火，便奋力攻城。"二人问："何日启程？"答："三日内要准备完毕，不用向我辞行，去就是了。"二人走后，诸葛亮又叫来张飞的儿子张苞，关羽的儿子关兴，密授机宜。

奇兵袭陈仓

　　三天后，魏延、姜维到了陈仓城下，见城上既没旗帜也没守军，二人心中奇怪，未敢攻城。忽然一声炮响，四面旗帜飘扬。城上一人，羽扇纶巾，正是诸葛孔明。他对着城下大声说道："你二人来迟了。"魏延、姜维赶紧下马，跪在地上："丞相真神人也！"诸葛亮让他二人进城，对他们说："我命你二人三日内攻城，这是个障眼法。我暗中命张苞、关兴出兵，我藏在军中，一夜的急行军，来到陈仓，让敌人来不及调兵。我的人在城里放火喊叫，让魏军惊恐不安。魏军主将生病，军队混乱，我趁机取之，易如反掌。"魏延、姜维这才知道诸葛亮使的是个"明修栈道，暗度陈仓"的妙计。

红玉之缘

　　这是《聊斋》里的故事。从前有个冯老汉，为人性情直爽，好打抱不平。邻居们都尊称他为"冯翁"。冯翁有个儿子叫冯相如，这爷俩读了一辈子书，却一直没考中过什么。

　　一个夏天的夜晚，冯相如坐在院子里读书。忽听院墙上有声音。抬头一看，墙头上坐着一位美丽女子，正在朝他微笑。相如立刻心猿意马起来，向那位姑娘招手。两人坐在树下聊了起来，那姑娘名叫红玉。相如跟红玉一见钟情，从此，俩人每天晚上相会。

红玉之缘

有一天晚上，冯翁从儿子家门口路过，听见有女人的谈笑声。冯翁气得火冒三丈，大骂儿子不争气。相如连忙跪下，哭着表示要悔改（见图）。红玉见此情景，便悄悄地溜走了，从此踪影全无

后来，相如娶了妻生了子，名叫福儿。不料妻子被恶霸宋某看上，因不从宋某，被折磨死了。冯翁据理力争，也被打死。相如在极度痛苦之中，起了杀心，可又放不下幼小的福儿。

一天晚上，相如又如往常一样思考着复仇的办法，门外进来一位彪形大汉，那人说可以替相如报仇。可相如怕惹事，抱上福儿连夜跑了。第二天，宋某被发现死在家里。县衙门查得相如昨晚逃走，断定是他杀的，于是派人追赶他。差役们抓住了相如，并把孩子残忍地扔在了山谷里。

当晚，有人把一把匕首插在了县官的床上。县官吓个半死，第二天亲自打开牢门，释放了相如。第二天，红玉抱着福儿来到相如身边。原来红玉是个狐仙，她一直在暗中帮助相如。

张敞画眉

张敞是汉宣帝时的京兆尹（首都的市长）。汉宣帝初年，长安的治安情况很差，强盗小偷猖獗，公子王孙横行。汉宣帝连着换了几个京兆尹，都无济于事。长安人戏称此种

张敞画眉

现象为"五日京兆"。正在此时，张敞毛遂自荐，说他能治理好长安。

　　张敞到长安上任后，派人四处宣扬，说他要置办酒席，宴请盗贼头目，众盗贼听说，纷纷前来。张敞趁他们喝得醉醺醺时，把几百名强盗头子一网打尽。然后，他又着手整治胡作非为的高干子弟。这就惹恼了这些豪门贵胄，他们在皇帝那里告张敞的状，说他"行为举止风流轻浮，有失大臣体统"。原来，张敞有位美丽的妻子，他常常亲自为妻子描眉（见图）。那些打算诬告张敞的人抓不住他什么短处，就拿他给妻子画眉的举动说事。

一天，张敞上朝，汉宣帝问起此事，张敞说："闺房里面，夫妻之间，比画眉毛风流的事有的是，这算什么呀。难道皇帝也要一一查问，条条治罪吗？再说夫妻之间相亲相爱，有什么错吗？"皇帝一听他说的有理，又知道他治理长安确实卓有成效，深得百姓拥戴，就笑笑了事，没有把他怎么样。

贤媳珊瑚

这是《聊斋》里的故事。安大成父亲早亡，只有母亲带着他和弟弟二成一起过日子。大成娶了勤劳贤惠的陈珊瑚为妻，可大成的母亲沈氏对这个媳妇百般挑剔，稍有差池，非打即骂（见图）。大成看到母亲生气，常跟着一起打骂珊瑚，最后甚至还把珊瑚赶出了家门。珊瑚觉得没脸见人，就要自杀。邻居们看不过去，把珊瑚送到了大成的叔叔家，大成和母亲竟然又追到叔叔家，非逼着珊瑚离开。沈氏的姐姐见妹妹如此虐待珊瑚，实在看不过去，就把珊瑚接了去，一起靠纺纱织布过日子。几年以后，大成的弟弟二成娶了一位名叫臧姑的媳妇。这个臧姑可比婆婆沈氏厉害多了，常常像对待奴仆一样使唤沈氏。沈氏从来不敢得罪臧姑。大成也不敢说什么，只能偷偷替母亲干点重活。

没过多久，沈氏被欺负病了，躺在床上起不来。大成万般无奈，只好到大姨家诉苦。珊瑚听见心里很难过，就从屋

贤媳珊瑚

里出来，大成见到妻子，心里惭愧，赶紧溜了。

　　不久，沈氏和二成分了家，住到姐姐于媪家里。她总是夸于媪的儿媳妇好，于媪指着妹妹鼻子说："当初你那儿媳珊瑚对你多好啊，任你打骂，人家一点怨言没有。我告诉你吧，珊瑚现在在我这里，我们给你送的吃的，其实都是她做的。"一席话说得沈氏面红耳赤，她哭着说："我对不起珊瑚呀！"

　　在榜样的感召下，二成和他媳妇也改好了。兄弟们合家一处，婆媳们团结一心，一家人相亲相爱，过上了美满幸福的生活。

嫦娥奔月

很久以前，天上有10个太阳。它们都是天帝的儿子。本来它们应该轮流值班的，可是这10个孩子常常一起到大上去玩，这样一来，地上的树木、人和动物被烤得大量死亡。

天帝看这闹得实在不像话，就派了一个叫后羿的神去管教一下他们。后羿的箭法高超，力大无比。他搭弓上箭，"嗖嗖嗖"，一口气射下了9个太阳。天帝见后羿把他们给杀了，一怒之下，便把后羿和他的妻子嫦娥变成凡人，永远不得回到天上。

嫦娥奔月

嫦娥想到做了凡人免不了要死，很不高兴，整天和后羿吵。后羿被闹得烦不过，只好历尽千辛万苦来到昆仑山，到西王母处讨长生不老药。西王母道："这种药要是两人一起吃，可在地上长生不老；如果一人吃了，就会升天成仙。"

后羿回到家里，准备找个好日子，和爱妻一起吃药。可自私的嫦娥却趁着后羿出门的机会，把药给独吞了。刚把药吃了，就觉得身子轻飘飘地飞了起来，正好窗子开着，嫦娥就从窗口飞了出去。天空那么大，星星一个个向她眨眼，仿佛在指责她背叛了自己的丈夫。她不愿到星星上去。看到身边有个亮亮的大圆盘，就一把抓住它，钻了进去。那里有一棵桂花树，还有一只小白兔在等着她。从此，嫦娥就在冷冷清清的月亮上栖身了（见图）。

漂母分食

韩信是刘邦手下的一员大将。他文韬武略，有勇有谋。在楚汉相争时，他辅佐刘邦打败项羽，夺得天下，被封为"淮阴侯"。

韩信小时候曾拜师读书，同时又习武，是个全面发展的好孩子。不幸父母早亡。他不会挣钱，只好到处蹭饭，遭人白眼。在一位亭长家寄居时，总是遭到亭长老婆的白眼，有时还要忍受她的指桑骂槐。韩信忍无可忍，离开亭长家到淮河边去钓鱼卖。钓到鱼，就有口饭吃，钓不到鱼就干饿着，

漂母分食

生活极其艰难。

淮河边有个洗衣妇，人称"漂母"。她见韩信常常饿得有气无力，煞是可怜，常常把自己带的饭分些给他（见图）。天天如此，从未间断。韩信非常感激这位老人，就对她说："您老人家对我这么好，我永生难忘。以后我一定要好好报答您。"没想到老奶奶一听这话，非但没高兴，反而生气了。她指着韩信的鼻子说："你一个大男子汉，自己不能养活自己，太没出息了。我看你没什么出息。给你吃的，是可怜你，谁要你报答！"韩信被老奶奶说得羞愧万分，一声没吭就走了。

然而韩信一直没忘记这位可尊敬的老奶奶。当了官后，立即派人到处找她，要以千金报答她。至于是否报答了，故事里没说。估计是没找着。

归田乐

这幅画取材于陶渊明的《归去来兮辞》："归去来兮，田园将芜胡不归……悟以往之不谏，知来者之可追。实迷途其未远，觉今是而昨非。"然后畅想回家后的情景："僮仆欢迎，稚子候门。"在大自然里开心地享乐，比起官场的尔虞我诈来，简直是天上地下。

归田乐

五子夺魁

这是一幅类似年画的故事，目的在于鼓励人们读书做官。五代晚期，渔阳县（今天津蓟县）人窦禹钧在当地做一个小官。别看窦先生官不大，名气却不小。令他出名的是他教子有方。他的家庭教育法在历史上很出名，很多做父母的都拿他做表率。

要说起来，窦先生的教育也没什么特别的，只是死读书而已。他很舍得买书，不大的家里藏有万卷图书。另外，他肯花钱聘请好教师。因为在书堆里长大，他的五个儿子都爱

五子夺魁

念书而且都很刻苦。长子中进士，授翰林学士，曾任礼部尚书；次子中进士，授翰林学士，曾任礼部侍郎；三子曾任补阙；四子中进士，授翰林学士，曾任谏议大夫；五子曾任起居郎。当时人们称他们为"窦氏五龙"。

图中是大哥窦仪回家后与兄弟们玩耍的情景。

太公钓鱼

商末，纣王无道，天下大乱。西伯侯姬昌一心一意想推翻纣王的统治。他急于要找人才，却一时没有着落。

太公钓鱼

有位年过七十的老者名姜子牙深信自己能干一番事业。他整日在渭水边钓鱼，等着有圣君来开发他。

这一天，姜子牙又在那里钓鱼。忽然看见有个樵夫正向这边走来。樵夫放下满满的柴担，跟姜子牙聊起天来了。原来，他名字叫武吉。武吉仔细一看姜子牙的鱼钩没有弯钩，且离着水有三尺高。这令他不禁大笑起来。姜子牙看出他的意思，就对他说道："我看你脸色不大好，今天你进城卖柴准会打死一个人。"（见图）

果不其然，在城门口，人群很是拥挤，武吉的扁担打死一人。正好文王姬昌路过这里，就命人抓了他。武吉以安顿老母为由，脱身后到渭水边求老姜救命。姜子牙施起了障眼法，令文王以为武吉被水淹死了，逃过了一劫。

事隔不久，文王巧遇仍然活着的武吉。文王气得很，命人将武吉拿下，要治他欺君之罪。武吉以实情相告，文王听说有这么神的人，又惊又喜。他立刻放了武吉，让他带路去找姜子牙。在一块石头上，果然看见了姜子牙其人，聊了半晌，认定他正是自己所需要的人，便拜他为相。姜子牙也没有辜负文王的信任，在文王去世的第四年，他就辅佐文王的儿子武王姬发，灭了商纣王，建立了周朝。

米芾拜石

　　北宋大画家米芾曾任礼部员外郎和书画学博士，人称"米南宫"。

　　米芾写的文章风格与众不同，他的诗文常被爱才的王安石摘录，并写在扇子上，反复吟诵。米芾的书法学自东汉王献之，然而经他融会贯通之后，自成一体。其气势如飞龙走虎，与苏轼、黄庭坚、蔡襄合称"宋四家"。米芾画山水人物，不求细部，多用水墨点染。他尤其善画云烟缭绕的山川林木。

米芾拜石

米芾性情古怪，放荡不羁。衣着效法唐代，且神情潇洒，仪表轩昂。他走到哪里，哪里就会聚起一帮人围观他，但他毫不理会。米芾酷爱奇石，家里堆得满都是石头，仍然到处搜寻。有一次出外，见到一块形状奇特的大石头，欣喜若狂，纳头便拜，口中念念有词道："石兄，请受我一拜。"（见图）

偷闲学少年

程颢，河南洛阳人，是北宋时期的一位思想家。他和弟弟程颐同是北宋时期理学的奠基人，并称"二程"。他们的

偷闲学少年

学说后为朱熹所继承发展，后人也称之为"程朱理学"。

程颢爱好自然，也写得一手好诗。他的七绝《春日偶成》抒发了对大自然的热爱和自己恬静的内心："云淡风轻近午天，傍花随柳过前川。时人不识余心乐，将谓偷闲学少年。"（见图）

吹面不寒

这幅写意画取材于南宋时僧志南的一首七言绝句："古木荫中系短篷，杖藜扶我过桥东。沾衣欲湿杏花雨，吹面不

吹面不寒

寒杨柳风。"

诗里描写春天一会儿晴一会儿雨的天气。杏花绽放，杨柳轻扬。诗人虽已年高，在小童跟随下，拄着拐棍过桥，感受到风吹面孔不觉冷的舒适（见图）。

江妃

周朝时有个侃爷叫郑交甫，他最大的爱好是爱占人家便宜。凭着三寸不烂舌，两行伶牙俐齿，他让很多人都上过当。乡亲们都很烦他。

江妃

有一次老郑到江边去玩，远远地看见两个衣着华丽的姑娘在一只小船里嬉戏（见图）。他便划着船凑近了人家。两个姑娘衣着华丽，最吸引老郑的是每人身上还带着一个老大个儿的珍珠。老郑眼红的不行，就厚着脸皮又说又唱地向人家索要珍珠。人家不理他，他竟然还唱起了歌，把那俩姑娘逗得直乐。两个姑娘互相看了一眼，然后有一个姑娘把珍珠摘了下来，对他说道："既然你这么喜欢它，就给了你吧。"老郑接过那颗珍珠，厚颜无耻地说道："还有一颗，也给了我吧！"那个姑娘竟然也听话地把珍珠给了他。老郑差点儿乐疯了，接过来左看右看了半天，然后小心翼翼地揣上珍珠屁颠屁颠掉头就走。船划到半路，他觉得不放心，又解开衣服看珍珠。咦，怀里竟然空空如也。他在船舱里找了一遍也没有，就赶紧回头找那两个姑娘，谁知她们的船竟然也没了踪影，老郑这才知道原来自己被她们给戏耍了。

这两个叫江妃的姑娘是住在汉江里仙女，听说老郑爱占便宜，特地来戏耍戏耍他。

义收姜维

故事取自《三国演义》。攻打魏国时老将赵云竟然败在了天水中郎将姜维的手里。回来后，赵云对诸葛亮说起姜维，竟是满口称赞。说他的枪法别具一格，很难破解。第二天，诸葛亮亲自带兵去围攻天水，当天夜里却遭袭击。诸葛

义收姜维

亮叹道："千军好找，一将难寻。此人真将才也。"回到寨里设了一计。他派人打听到姜维母亲的住处在天水边的冀城，就派魏延假装攻打冀城。姜维一听，急忙去救冀城。魏延见姜维来了，假装败走，放姜维进了城。

诸葛亮找了个长得像姜维的人，半夜里假装姜维，领兵来到天水关下攻城。火光之中城上的魏军见"姜维"挺枪勒马，耀武扬威，以为姜维投降了，在城上大骂姜维。

冀城是个小城，屯粮不多。诸葛亮料到姜维缺粮，于是命人在城边搬运粮草，姜维果然亲自出城劫粮，却被蜀军两面夹击。他抵挡不住，只得往天水跑去。到了天水关下，城上守军一看姜维又来攻城，于是乱箭齐发。姜维无奈，只好拨马往长安而去。走了没多远，来到一片树林中，数千蜀军冲了出来，姜维人困马乏，不能抵挡，落荒而去。正在此时，山坡后面推出一辆小车，车上坐的正是诸葛亮。诸葛亮用扇子一指："伯约（姜维的号）此时不降，更待何时？"姜维走投无路，只得下马投降。诸葛亮亲自下车相迎（见图），他拉着姜维的手，诚恳地说："我自出茅庐以来，一直想找一个接班人，把我平生所学加以传授。可一直没找到合适的人选。今天遇到你，我的愿望可以实现了。"

无底洞

这是《西游记》里的一个故事。西天取经的路上，在一座陷空山上有一个耗子精。那耗子精见唐僧仪表堂堂，就爱上他了，要抢唐僧做丈夫。耗子精变成一个美女，然后把自己绑在唐僧等人的必经之路上。唐僧见一弱女子被绑在树干上，还嗲声嗲气地喊救命，不顾孙悟空阻拦，亲自上前给她松绑。耗子精做起一阵妖风，将唐僧卷到了她住的无底洞里。

孙悟空紧随其后追到了无底洞前，见洞口紧闭，就摇身一变，化作一只小飞虫飞进了洞里。看见那妖精正摆着酒席，要和唐僧喝交杯酒，急得孙悟空赶紧变成一只大老鹰，一爪子把酒席抓翻了（见图）。桌子上的杯盘碗碟都摔碎了。

无底洞

　　孙悟空又变回小虫，飞到师傅耳边，如此这般说了几句。唐僧这回吃了亏，处处听大徒弟的话。他假说想散步，把妖精骗到花园里。唐僧从树上摘下一个又大又红的桃子，递给女妖，女妖不知是计，高兴地接过来就咬了一口。谁知这个桃子是孙猴子变的。那猴子在耗子精肚里三拳两脚就制服了她，万般无奈，只好放了唐僧。

　　谁知事有曲折。趁着孙悟空等三人和妖兵打仗的工夫，耗子精看见唐僧身边没人，把唐僧又抓了去。幸亏孙悟空从那妖精供奉的牌位上发现那妖精是托塔李天王的义女，就到玉皇大帝那里告了李靖一状。玉帝责成李靖下去收服了耗子精，师徒四人才又渡过了这一难关，继续西行了。

八卦图

"八卦"最早出现于殷周时期，是我国古人用来占卜算命的工具。到了秦汉时期，它进一步被完善成了"周易"。

"八卦"用"——""——"的组合表示天、地、雷、风、水、火、山、泽等八种自然现象。

北宋的哲学家周敦颐把它发展为一套完整的《太极图说》。周敦颐早年为官时，以反腐倡廉为己任。后来看到腐

八卦图

败反也反不完，就退官回家，专门讲学去了。图中就是老周正在给几个老朋友讲解他的太极八卦理论。

松下问童子

这是根据贾岛的诗《寻隐者不遇》画的。诗曰："松下问童子，言师采药去。只在此山中，云深不知处。"

贾岛，唐代范阳（今河北涿州）人。原来曾出家做和尚，后还俗当官。不过没当过什么大官。因为不得志，所以写的诗比较凄苦。唯独这首诗除外。

松下问童子

水莽草

　　这是《聊斋》里的故事。在桃花江边有一种草，叫水莽草，人吃了就会死。要想再次托生，必须找个替死的才能起死回生。

　　有个名叫祝生的青年出外访友。正在渴得不行时，见到路边有个老太太在卖茶水，就去买水。老太太向屋里叫道："三娘，拿杯好茶来！"一个美丽的姑娘端出一碗芳香的茶水（见图），祝生净顾着看漂亮姑娘了，把那茶水一饮而尽。

水莽草

刚到朋友家，祝生就觉得腹痛难忍。朋友一问之下便说："坏了，你准是喝了水莽草了！那姑娘就是误食水莽草而死的寇三娘，这回算找到你当了替身啦！"祝生气得发誓要报复寇三娘。他说："我即使死了，也不让她托生！"话音刚落，就气绝身亡了。

　　他死后变成了水莽鬼，并设法找到已经投胎的寇三娘，将她抓回阴间，并和她结了婚。

　　祝生死后，他的母亲想起冤死的儿子，每天啼哭不已。祝生在地底下听见妈妈的哭声，心里很难过，就说服了寇三娘，二人以鬼的身份回到人间，服侍老娘。老太太虽然欢喜，但每每想到儿子媳妇都是鬼这事，总有点瘆得慌，就建议儿子也找个替身，赶紧变成真人得了。祝生摇摇头道："我就是被别人害死的，怎么能再去害其他人呢？我唯一的愿望就是服侍好您。"

　　祝生的母亲寿终正寝后，上天为祝生的精神所感动，派了一辆马车下来，把他两口子接到了天上，当了两名快乐的神仙。

　　在神话里，好人总是有好报的。

大战牛魔王

　　这是《西游记》里师徒四人过火焰山时发生的故事。那火焰山方圆八百里，炙热的火焰烤得周围寸草不生。任谁要想过去，都会被烧得尸骨不存。除非问铁扇公主借来扇子，将火焰扇灭了。

　　孙悟空的结拜兄弟牛魔王的媳妇就是铁扇公主。孙悟空想，凭着在花果山时的结义之情，借把扇子，不是小事一桩吗？但他忘了，铁扇公主的儿子红孩儿上次想吃唐僧肉，孙悟空请来南海观音，把红孩儿弄到南海去了。为此，铁扇公

大战牛魔王

主至今还恨着孙猴子呢。

孙悟空用了钻肚皮的计策，让铁扇公主把扇子借给了他。谁知那扇子是假的，不扇还好，一扇之下，火焰反而更大了，把孙悟空的屁股都给燎着了。孙悟空气坏了，再次来到芭蕉洞，趁牛魔王外出的机会，变作牛魔王的样子，把真的扇子骗了过来。牛魔王回来，铁扇公主就让他去追孙悟空。牛魔王也会变，他变成猪八戒的模样，把扇子又给骗了回去。孙悟空等三人跟他打了起来（见图）。最后，还是孙悟空制服了现了原形的大白牛，牵着它去见铁扇公主，这才算把扇子"借"到手，扑灭了大火，翻过了火焰山。

火焰山在新疆天山山脉，至今山体通红，证明"火焰山"三个字确实是名不虚传。

草船借箭

故事出自《三国演义》。赤壁大战开战在即。一日，周瑜召集战前会议。在会上，他激得诸葛亮同意三天之内造十万支箭。

鲁肃知道周瑜这是想法要除去诸葛亮，就想帮诸葛亮。诸葛亮道："也不要你干什么大事，就是悄悄地借我二十只船，每只船上派三十名军士，船两边扎满草人。"他还特别要求鲁肃保密。鲁肃虽不明白诸葛亮搞的什么鬼，却一一照办了。

第三天晚上，诸葛亮派人邀请鲁肃前来喝酒。二人上

草船借箭

了船，二十只小船趁着大雾悄悄驶向曹营。离着曹营不远了，诸葛亮就命军士开始敲锣打鼓。鲁肃急了："都快到曹营了，你怎么让敲鼓呀，万一曹军听见了，你我不就完了吗？"诸葛亮笑而不答。

　　由于江上雾大，曹军不知底细，只好命水军放箭抵挡。曹操还怕人手不够，又从旱寨调来弓弩手三千，总共有一万来人，万箭齐发，射向小船。过了约莫一个时辰，日高雾散，诸葛亮急命掉转船头，驶回南岸。诸葛亮让各船军士齐声呐喊："谢丞相箭！"曹操这才发现上当了，悔之晚矣。

诸葛亮对鲁肃道:"我估计每条船上有五六千只箭,这样一来,不费吹灰之力,已得十万只箭有余。"鲁肃佩服得五体投地:"先生真神人也。何以知道今晚有大雾?"诸葛亮笑道:"不知天文,不晓地理,还带什么兵打什么仗啊。我于三天前就算定今日有大雾,因此才敢应三天之任。公瑾给我派这个任务,又不给我人手材料,明明是要害我。我命系于天,公瑾焉能加害于我!"

秦香莲

宋朝时,湖北均州有个人叫陈世美,他上有老下有小,日子过得紧巴巴的。陈世美立志刻苦读书以求功名。他的贤妻秦香莲操持着家中里里外外。

这一年,陈世美进京赶考。竟然一下子高中了状元。殿试之时,皇上见陈世美仪表不俗,就问他可曾成家。陈世美昧着良心说尚未娶妻。皇上很是高兴,就招了陈世美当驸马。

再说秦香莲在家一等就是几年。在这期间,家乡灾荒不断,公婆相继过世。秦香莲埋葬了二老后,决定进京寻夫。

母子三人来到汴梁打听陈世美的下落。有知道的告诉她说,陈世美已经成了当朝驸马爷。秦香莲又气又恨,拉着一双儿女到公主府去找人。谁知陈世美让人把她们三人赶了出去。秦香莲告状无门,只好当街拦轿喊冤。

秦香莲

　　这一天，宰相王延龄在上朝的路上，正好遇见喊冤的秦香莲。王延龄听了秦香莲的遭遇，就给她出了个主意，让她在陈世美生日那天，扮成艺人去给他祝寿。

　　这一天，秦香莲弹着琵琶，借着唱曲的机会，诉说了当初夫妻恩爱，后来一家遭遇的实情，希望以此感动丈夫，回心转意（见图，中坐者为陈世美，白发者为王延龄）。谁知陈世美非但不感动，而且当王延龄劝他时，还把王老丞相骂出驸马府，并派人追杀秦香莲母子。

　　后面的故事，且看后面的图。

水淹七军

　　这是《三国演义》里的故事。关羽镇守荆州时，曹操派大将于禁、庞德率七路大军攻打荆州。

　　曹军的动向早有消息报给关羽。关羽全身披挂出战，单取庞德。二人激战一日，未见胜负。第二日，两军对阵，二将出马。战到五十回合，庞德诈败，关羽紧追不舍，被庞德回马一箭，正中左臂。荆州兵一拥而上，将关羽救回。

　　关羽回到营中，咬牙切齿，要报这一箭之仇。在养伤的十来天里，任凭曹军叫骂，蜀军只是闭关自守。

水淹七军

关羽伤好后，出寨观察地形，见曹军在山下安寨，就问向导那个山谷叫什么。向导回道："罾口川。"关羽一听高兴道："于禁必为我擒。"将士不解："将军如何得知？"关羽笑道："鱼入罾（一种渔网）口，岂不是死路一条？"

这一日大雨滂沱。庞德与部将商议，明日移师他处。刚刚定下部署，众将在帐中只听外面隆隆之声如万马奔腾。庞德急忙出帐来看，只见四面八方均是白花花的水头，原来是关羽派人堵住了山口，形成许多堰塞湖。这天半夜里关羽一声令下，各处一起扒口子，大水冲了下来，把于禁、庞德的陆军全部喂鱼了。关羽部将乘船而来，于禁抵挡不住（见图）被俘投降。庞德被押到关羽帐中，拒不投降，只好拉出去砍了。

关羽水淹七军，擒于禁，斩庞德，威震华夏，天下皆惊。

三借芭蕉扇

这是孙悟空三借芭蕉扇的故事中的一个场景。

为过火焰山，孙悟空向牛魔王的妻子铁扇公主借芭蕉扇。铁扇公主的儿子红孩儿上次想吃唐僧肉，孙悟空请来南海观音，把红孩儿弄到南海去了。为此，铁扇公主至今还恨着孙猴子呢。她对孙悟空说："想借芭蕉扇，先受老娘一剑！"说着举起剑来向孙悟空砍去。谁知孙悟空不躲不闪，

三借芭蕉扇

笑嘻嘻地蹲在地上，任铁扇公主在他头上砍了十几下，孙悟空的头上火星四溅，却连半点毫毛也没伤到（见图）。铁扇公主又掏出扇子来朝着孙悟空狂扇。霎时间狂风大作，天上黑云压顶，地上飞沙走石，但孙悟空仍旧蹲在那里，若无其事。反倒把铁扇公主吓得跑回了洞里。

细柳教子

　　这也是《聊斋》的故事。一个读书人家有一个姑娘。她生得眉清目秀，身材细小。大家都叫她"细柳"，真正的名字倒忘了。

　　细柳十九岁时嫁给了高生。高生的前妻去世了，留给他一个儿子叫长福。细柳不久也有了一个儿子，名叫长怙。在夫妻二人的共同努力下，家里盖房子买地，境况越来越好。谁知高生三十岁就病故了，留下细柳和两个孩子，艰难

细柳教子

度日。

长福10岁了，细柳送他去读书。起初，长福不好好念书，老逃学。细柳无奈，只好让他和牧童一起放牛。几天后，长福受不了了，哭着求细柳让他再去念书，细柳没有答应。邻居们看见，都说细柳虐待前妻的孩子，细柳充耳不闻。饱受风霜劳苦的罪以后，长福表示愿意重新念书。细柳见他有了悔改之意，就让他和弟弟一起上学去了。从此长福判若两人，积极上进。

小儿子长怙天生的头脑迟钝，书念不好。念了好几年书，连自己的名字都写不出来。细柳无奈，让他去务农。秋收后，细柳给了长怙一些钱让他学学经商。谁知长怙竟把钱都输在了赌场，不久他又说要跟人合伙做生意，一路上吃喝嫖赌。等到要交钱时，发现细柳给他的银子是假的，被判坑蒙拐骗罪。长福此时已成为远近闻名的优秀青年，衙门一听说犯人是长福的弟弟，就把他放了。

长怙回家后，痛改前非，认真务农，把日子过得井井有条。长福也更加刻苦读书，不久便考中了进士。

盗仙草

　　这个故事是《白蛇传》里的一段。许仙和白娘子成亲后，搬到镇江住下，开了一个药铺度日。这一年的端午节，城里到处都在门前挂起菖蒲和艾叶，地上洒满雄黄酒，为的是辟邪。但这一天对白娘子和小青却十分难熬。因为雄黄酒能让她们现出蛇的原形，每年的这天，她们都要去山里避一避。

盗仙草

白娘子让小青先到山里去，自己待一会再来。可许仙听信了法海的谗言，为了试试白娘子到底是不是蛇，非得让白娘子喝雄黄酒。白娘子推说有了身孕不能喝酒。许仙听说她有了孩子，虽然挺高兴，但还是一个劲儿地劝她喝酒，白娘子拗不过丈夫，只好喝了一口。刚喝完就觉得头痛欲裂，浑身瘫软，急忙爬到了床上。许仙掀开帐子一看，妻子不见了，一条大蛇盘踞在床上。这一吓非同小可，把许仙吓得倒在了地上。

小青回家一看，许仙躺在地上，半死不活，急忙把床上的白娘子推醒。白娘子看着不省人事的丈夫，哭得死去活来。她对小青道："人间的草药是救不活他的，只有到昆仑山去采来灵芝仙草。"说罢，嘱咐了小青几句，化作一缕青烟，向昆仑山飞去。

到了昆仑山，好不容易看见山顶上有几棵紫色的小草。白娘子知道那就是灵芝仙草，就摘了几棵，轻轻衔在嘴里。刚要离去，却被看守仙药的白鹤和鹿发现，他们拿着兵器跟白娘子打了起来（见图）。直到惊动了南极仙翁，仙翁同情白娘子的遭遇，终于答应送她一棵灵芝仙草。

贫不卖书

　　古时候，很多贫穷的读书人深受"学而优则仕"的影响，一辈子死读书，就为一朝金榜题名，从此光宗耀祖，吃喝不再发愁。尽管家里穷得没吃没喝，也要买书，看书。所谓："贫不卖书留子读，老犹栽竹与人看。"

　　这幅画就是这种思想的写照。

贫不卖书

打渔杀家（二）

    江湖好汉肖恩正在江里打鱼，听到岸上老朋友李俊、倪荣召唤，就和女儿桂英上了岸。

    三个人在院子里喝着酒，谈论着日子的艰辛、渔霸的狠毒。正说着，渔霸丁子燮的三个家丁前来索要渔税。肖恩说，眼下暂时没有钱，改日再送到府上。可家奴仗势欺人，不肯罢休。李俊、倪荣二人大怒，一齐为肖恩抱不平。家奴一见不妙，就指着他们道："别忙，有你们好看的！"然后滚回去了。

打渔杀家（二）

第二天一早，四五个家丁打上门来，又是索要渔税，又是动手打人。肖恩实在忍无可忍，一怒之下，三拳两脚打跑了他们（见图），还去县衙门告丁家的状。

是夜，桂英坐在自家草棚里，忐忑不安地等着爹爹回来。她自幼失去母亲，就只有爹爹一个亲人，相依为命。半夜里，突然屋外传来跌跌撞撞的脚步声。桂英赶紧打开门，只见爹爹浑身是血，满脸带伤地撞了进来。原来，丁家早已与衙门勾结好了，知县见肖恩来了，不由分说就打了他四十大板，还逼他到丁家去赔罪。父女俩思索再三，最后决定彻底造反。肖恩让女儿把婆家的聘礼"庆顶珠"带上，二人潜入丁家大院，杀了恶霸丁子燮。然后，连夜上山落了草。

枪挑小梁王

故事出自《说岳全传》。南宋时期，朝廷内有奸臣作乱，外有金人侵扰。百姓深受兵荒马乱之苦。岳飞从小就立志保国卫民，每日在家习文弄武。这一年，赶上朝廷举行武举考试，岳飞就和几个好朋友去东京汴梁赴考。

到了汴梁，见各地举子云集京城，街头巷尾议论纷纷。议论的中心是谁能夺得头名状元。众人都说有个叫柴桂的考生是皇亲国戚，人称"小梁王"的，他在奸臣丞相张邦昌的主持下已经内定为状元了。张邦昌是四个主考官之一，还有两人，一是兵部尚书王铎，一是右军都督张俊，也和张邦昌

枪挑小梁王

是一丘之貉，只有护国大元帅宗泽是个为国为民的好官。他没有收受柴桂的贿赂，一心要为国家挑选栋梁之材。

考试这天，刚好遇到岳飞和小梁王对阵。两人先比文才。岳飞的一篇《枪论》一挥而就，而柴桂的《刀论》命题与内容不符，且涂涂改改错字连篇，柴桂先输一局。接着比射箭。虽然张邦昌命人把岳飞的靶子移远了一百步，但岳飞仍射中靶心，吓得小梁王柴桂根本没敢比。最后就剩马上比武了。岳飞心里有点发怵：小梁王是贵胄，一旦失手伤了他，怕是担待不起。因此只招架不进攻。几个回合下来，岳飞突然跳出阵来，奔到监考台前，要求立"生死文书"。张邦昌见岳飞刚才的表现，以为他胜不了小梁王，就一口答应下来。

岳飞心中没有了顾忌，放开手脚抖擞精神，把手中一支枪舞得如风卷梨花，坐骑白骔马冲突迂回似白龙戏水。只吓得小梁王躲躲闪闪，只有招架之功，全无还手之力。只见岳飞虚晃一枪，反手直刺对方心窝，不待小梁王反应过来，早被岳飞挑下马来（见图），一命呜呼了。

这一下全场高声叫好，却吓坏了张邦昌等人。他们下令把岳飞抓起来，要斩他的首。宗泽见此，勃然大怒，力主保全岳飞性命。两边争执不下，考生齐喊冤枉。正在此时，岳飞的朋友牛皋冲进考场，一下砍倒了立在场中央的巨纛。全场顿时大乱。张邦昌怕闹出民变，急命为岳飞松绑。岳飞跳上白骔马，与几个弟兄砍开校场大门，往城外奔去。

关羽斩卞喜

　　这幅画里的故事出自《三国演义》里"过五关，斩六将"的一段。刘备、关羽、张飞被曹操打散了之后，关羽保护着刘备的家眷，被曹操困在一座小土山上。为了不使兄长的家眷受害，他不得不暂时降了曹操。

　　一天，关羽打听到了刘备的下落，就带着嫂嫂去投奔他。因为没有曹操的批准文书，一路上的守将都来阻拦他。关羽不得已，在东岭，关羽杀了守将孔秀；过洛阳杀了太守韩福和牙将孟坦。

关羽斩卞喜

这一日到了氾水关。守将卞喜听说关羽斩了三人，即将到达，就在关前的镇国寺里设下埋伏。等关羽一行人到达时，假说要在镇国寺设酒席接风，打算捉住关羽。镇国寺内有个和尚普静，跟关羽是同乡。他知道卞喜的诡计，就借着端茶的工夫，用手碰了碰自己的戒刀，再拿眼睛暗示关羽。关羽心领神会，命左右握住刀把紧紧跟随。这时，卞喜请关羽入席，关羽厉声问道："你请我喝酒，到底什么用意？"卞喜知道事已败露，忙叫道："快快下手！"说时迟那时快，关羽手起刀落，已砍倒数人。卞喜一看不妙，赶紧跑出堂去，在院子里绕圈子（见图）。关羽紧追不舍，卞喜手持流星锤朝关羽打来。好个关羽，只见他一刀隔开了流星锤，再一刀，将卞喜斩做两段。随后，杀散了众官兵，谢过普静，护着车队继续向荥阳前进。

失徐州

故事出自《三国演义》。刘备还没得诸葛亮时，行动往往没什么目标，有一次他想打袁术，行前，张飞自告奋勇固守徐州。刘备不放心怕他酒后闹事，张飞便保证自己绝不喝酒。

当晚，张飞对众人说："我哥哥怕我喝酒误事，命我戒酒。咱们今晚痛饮一场，从明天起谁也不许喝酒，帮我一起守城。"说完，端着杯子挨个敬酒。走到曹豹面前，从不

失徐州

　　喝酒的曹豹怕张飞发脾气，只好硬着头皮喝了一杯。张飞
自己喝了十几杯后，不觉有些醉了。他再次来到曹豹面前劝
酒。曹豹再三推脱，张飞瞪起眼睛："你敢违抗军令！拉下
去打一百鞭子！"曹豹道："看在我女婿的面子上，饶过我
吧。"张飞问："你女婿是谁？"曹豹道："是吕布。"张
飞一听："啊？你不提吕布还好，一提他，我更得打你了。
我打的就是吕布的亲戚！"硬是把曹豹打了五十鞭子。

　　曹豹怀恨在心，当夜给吕布写了封信，信中说张飞不
义，刘备、关羽领兵在外，建议他突袭徐州。

吕布见信后立即带兵来到徐州。曹豹早已打开城门。张飞慌忙逃跑，刘备的家眷全部滞留城内，来不及带走。

　　张飞逃到盱眙见到刘备（见图），慌忙跪倒在地。说起失徐州的事。关羽问道："二位嫂嫂现在哪里？"张飞羞愧万分，无地自容，拔出剑来就要自尽。刘备慌忙抢上前去，夺下剑来扔在地上："古人曰，妻子如衣履，兄弟如手足。我等三人桃园结义，不求同生但求同死。今日虽然失了城池，怎能让兄弟为此而死呢？"

义嫁孤女

　　宋朝有个叫贾昌的商人因受诬告，被判了死刑。幸亏新上任的石县令查清了案情，释放了贾昌。贾昌感激涕零，总想找机会报答石县令。

　　过了几年，某日天上打雷引起县粮仓失火。石县长被判渎职罪处死，家产充公，就连孩子也要被拍卖。贾昌听说后托人说情，把石县令10岁的独生女月香赎了出来。贾昌待她像亲生女儿一样地呵护。但贾昌的老婆却心地不好，老是嫌月香吃她的喝她的。幸亏有贾昌舍弃了做生意的工夫，时时保护着她。就这样一直养了月香5年。

　　有一次，贾昌出门跑买卖，他老婆趁机把月香卖给了后来的本县县令钟县长。钟县长正要嫁女，少个陪嫁丫鬟，所以买下了月香。第二天，月香早早地起来扫院子，在院子的

义嫁孤女

一角，发现了地上的一个洞。月香记得小时候曾和父亲在自家院子里玩球。那球掉进了洞里，小月香把水灌进去将球捡了回来，为此父亲还夸过她好几次。月香看着那洞，认出了这里是她小时候的家，就哭了起来。钟县长听到哭声觉得很奇怪，一问之下，月香向他诉说了自己的身世。钟县长很同情她，把她收下做了干女儿，并把此事讲给亲家公高县长。高县长听说后，也对月香深表同情。两人一商量，决定把月香嫁给了高家老二。

在贾昌和两位县长的努力下，月香终于有了一个好的归宿。

刮骨疗毒

　　这个脍炙人口的故事出自《三国演义》。关羽攻打樊城时，中了曹军一支毒箭。回营后不久，右臂便青肿了起来，连动都不能动了。众将心里着急，四处求医。

　　有一天，从江东驶来一叶扁舟，直到寨前。来人自报家门道："我乃沛国人，姓华名佗，字化元。闻关将军乃天下英雄，不幸中了毒箭，特来医治。"众将大喜过望，忙将他引入帐内与关羽相见。

刮骨疗毒

关羽此时正在跟马良下棋。华佗看了伤口，说要在帐中立一个木头杆子，上面钉一个铁环。将军把胳膊穿进铁环，用绳子绑住，再用被子把头蒙住。他要用尖刀划开皮肉，露出骨头，再刮去骨头上的毒。然后敷上药，将伤口缝上。关羽听了大笑道："容易，容易！要什么木柱铁环！"遂命人设酒席款待华佗。

关羽饮过数杯酒后，一面和马良下棋，一面请华佗开始治疗。华佗拿着刀子，让一小校捧着盘子在臂下接血。然后说道："我就要开始了，请将军不要惊慌。"关羽道："随你治疗，我岂比世间俗子，有什么可怕的！"华佗割开皮肉直到骨头。只见骨头上已经青了。他用刀子刮着骨头，沙沙作响。帐上帐下的人都看呆了，可关羽仍然边喝酒吃肉边谈笑下棋，全无痛苦之色。

不一会儿，血流了一盆，华佗刮尽箭毒，敷上药，用线缝合了伤口。关羽大笑而起："此臂伸展自如，毫无痛苦。先生真神医也。"华佗道："我一生行医，从未见过这事。将军真天神也。"

陆绩怀橘

东汉末年，江西九江有个出名的孝子，名叫陆绩。6岁那年，他跟父亲去江东富豪袁术家做客。袁术见陆绩聪明伶俐，知书达理，非常惹人喜欢，就拿出新鲜的橘子招待他们父子。陆绩先吃了一个小的，觉得味道好极了，就在怀里揣了3个又大又圆的橘子。

傍晚，陆绩和父亲要回家了。临走时他向主人鞠躬辞行，那几个橘子从怀里掉了出来，滚到袁术脚边。袁术一见，有点不高兴了。他说："陆郎，你来作客，我又不是不让你吃橘子，你为什么要把橘子拿走呢？"陆绩连忙跪下道："我母亲最爱吃橘子，您的橘子又大又好吃，我要带几个回去给母亲吃，请原谅我吧。"（见图）袁术和在座的客人不禁感动地称赞道："孝子！真是孝子！"

陆绩怀橘

西厢记

　　这幅画取材于《西厢记》。唐朝唐德宗贞元年间（785—804），有个书生名叫张生。张生父母相继去世后，他就一边念书一边四处游荡。这一年朝廷举行三年一度的考试，张生自然是要去的了。他打点好行装后就往长安去应试。这一日来到山西河中府（今永济市）住下。在店里他听说此地有个普救寺，曾是武则天的香火院，就前去瞻仰。

　　普救寺幽雅清静，游人稀少。张生拜完菩萨，在院里参观。迎面走来一个女子，生得花容月貌，张生顿生爱慕之

西厢记

心。这个女子本是当今相国的千金崔莺莺，因父亲病故，扶灵回乡路过这里，在普救寺暂居西厢房。崔莺莺和侍女红娘正在寺内散步，不期碰到张生。崔小姐见一陌生男子对着她出神，急忙与红娘一起离开。

张生可是没打算离开。他对崔莺莺一见钟情，将功名之事顿时抛在了脑后。他回到客栈结了账，干脆也搬到普救寺来住了。

事情就有这么巧，老天爷仿佛要考验张生似的。他刚住下没几天，有个贼人孙飞虎就率领五千人将普救寺团团围住，扬言非要娶崔莺莺，否则不退兵。崔莺莺的母亲急得没辙，许诺谁能退了贼兵，就倒贴陪嫁，把崔莺莺许配给谁。偏偏张生的好友杜确领兵十万，住在离这里45里的蒲关。张生立即给他写了封求援信，托人送去。这点蟊贼在杜确眼里不过是小事一件。他马上派了五千人，半夜将孙飞虎生擒了，解了普救寺的围。

天下太平了，老太太也反悔了。她不愿自己的女儿嫁给一个什么都不是的穷小子，就说崔莺莺已经有了人家。张生闻听此言，好梦顿时破灭，好似从天上落到了井里，吃不下饭睡不着觉。崔莺莺的侍女红娘被张生的执着所感动，就设下一计，让张生当晚去院子里弹琴。她再跟小姐出来烧香，趁机试探小姐的心思。

其实崔莺莺早就爱上了风流倜傥又见义勇为的张生。听见张生在弹《凤求凰》，心情很是激动。但相国的女儿不能如此轻率，她违心地让红娘带给张生一封信，并让红娘谴责张生说"下次休得如此"。其实信里一点谴责的意思都没有，反倒是写了首诗：

　　待月西厢下，

　　迎风户半开。

　　拂墙花影动，

　　疑是玉人来。

张生一见心花怒放：这哪里是什么"休得如此"啊，明明是约会嘛！他坐在屋里，眼巴巴地看着太阳蜗牛似的爬下山，恨不能一箭把它给射下来。

天终于黑了，一轮明月代替了太阳，普救寺沉浸在寂静之中。莺莺打扮得妩媚动人，假作跟红娘烧香来到院子里了（见图）。她虽然盼着跟朝思暮想的人相会，但一个大家闺秀要私会情郎，需要太大的勇气，莺莺一时还不具备。以至于好不容易等到张生来了，她却违心地抢白了张生一顿。张生立时如冰水浇头，呆若木鸡般站在那里。虽然红娘赶来解了围，但这个打击实在太大，张生回去后就病了。莺莺又是心疼又是后悔，借口派红娘送药方，定下了第二次约会。在红娘的大力协助下，这对有情人终于结合了。老妇人迫于无奈，要求张生考取了功名再来与莺莺完婚。张生不负期望，一举考中了状元。他辞谢了达官贵人的求亲和皇上给的高官，自愿到河中来当个县官。张生和崔莺莺这对有情人终于美满地生活在了一起，成为千百年来流传不衰的故事。

天女散花

　　如来佛有个得意弟子叫维摩诘。一天，如来佛正在西天讲经，忽然看见天边飘来一朵云。仔细一看，知道这是维摩诘患病了，就命他的弟子前去问候。又派了天女前去，看看众弟子的学问如何。

　　天女身着彩装、手提花篮来到人间一看（见图），见维摩诘端坐殿前，正与众菩萨们一问一答地讨论学问，便抬起纤手，将花篮里的花洒下。那些鲜花飘飘而下，落在地上，只有舍利弗身上沾了花朵。天女对舍利弗说："你的学业不精，故花着身。"

天女散花

竹林七贤

魏末晋初，司马家族与曹魏统治的矛盾日益加深，凶残的司马氏不但打击他们的政敌，而且压制社会舆论，迫害文人墨客。一些文人便远离俗世，过着琴棋书画、喝酒吃肉的隐居生活。画中的七个好似半疯的人名叫阮籍、嵇康、阮咸、山涛、向秀、王戎、刘伶。他们都曾有过改良社会、造福百姓的宏图大志，但在那个黑暗的年代，不但这些抱负得不到实现，连人身安全都成了问题。他们只好到庄子的学说里寻找精神寄托，终日"饮酒昏酣，遗落世事"，借放浪形

竹林七贤

骸来消极反抗。

这七个朋友志同道合，情趣相投。他们常常相约，到偏僻宁静的"黄公酒垆"畅饮，或带上酒菜和琴棋书画之物，躲进山后的竹林里，抚琴吟诗，借酒浇愁。因此人称"竹林七贤"。

他们常常弄出一些奇怪的举动，以表明自己不入俗流。有一次，阮籍正在下棋，家人来报说他母亲猝死，他却依然喝酒下棋。下完一盘棋才回家去。刘伶喝酒时总让仆人背着锄头跟着，他对仆人道："我死在哪里，你就把我埋在哪里。"有人讥笑他，他反驳道："我以天地为屋宇，屋室为衬衣，你为什么跑到我的衬裤里来了？"

其实他们七人也不光是喝酒。他们曾经写下许多抨击司马氏的文章，嵇康还为此从容赴死。他们的古怪行为成了文人们的榜样，真是乱世出怪才。

孔融让梨

这个故事恐怕中国孩子小时候都听过。

孔融，字文举，汉末山东曲阜人，是孔子的后裔。汉献帝时曾任北海太守，因直言而得罪曹操，被杀。孔融的文学造诣很深，后人曾把他的文集编为《孔北海集》。

孔融幼年聪明过人。十岁时与一些当代名流相见，言谈锋利，满座皆惊，只有一人不服道："小时了了，大未必

孔融让梨

佳。"孔融反唇相讥道:"想君小时,必当了了。"

　　孔融四岁时,父亲从外地带回一些梨让他们兄弟吃。因为孔融年纪最小,哥哥姐姐们都让他先挑,孔融却只拿了一个最小的梨。父亲问他为什么(见图),他说:"我年龄最小,应该吃最小的。"从此他的这种谦让的美德为世代所称颂。《三字经》里有两句"融四岁,能让梨",使得这个故事广为流传。

　　后来,孔融虽然当了官,这一美德依然保持。他在北海做官时,一次城池被敌军围住,正当危机之时,见一人单枪匹马杀入重围。此人名叫太史慈,因母亲住在北海时常常得到孔融的照顾，这次特地派儿子前来救援。他为官十年，甚得民心。"座上客常满，樽中酒不空"正是他家的写照。这不能不说是幼年的教育打下的基础。

黛玉焚诗

这个故事选自《红楼梦》。

话说贾府的人见宝玉钟情于黛玉，便定下"调包计"，在新婚当晚，将黛玉换成宝钗。黛玉对这一切全不知情，直到在园子里碰见粗使丫头傻大姐才知道，贾府背着她搞的这

黛玉焚诗

个调包计。黛玉一听如同五雷轰顶，从此一病不起。丫鬟紫鹃和雪雁日夜守候在她床前，眼见黛玉的病一日重似一日，心里万分难过。

这天，黛玉忽然让紫鹃扶她坐起来。她不顾紫鹃劝阻，用手指着床边的一口箱子。紫鹃以为她是要手绢，可黛玉摇摇手，挣扎着说道："有字的。"紫鹃才明白她是要宝玉挨打后怕她惦记，托人带给她的那块手绢，她自己在那上面曾写了三首诗。

黛玉看到题诗绢帕，不由得又爱又恨，她一把抢过那手绢，拼命地撕扯。但虚弱的身体竟是连撕也撕不动了。黛玉让雪雁点起一个火盆，然后把那写满爱恨的手绢扔在了火里（见图）。

过了几天，就在宝玉和宝钗结婚的那个时辰，林黛玉满怀悲愤，挣扎着离开了人间。

葛巾牡丹

故事出自《聊斋志异》。

很久以前，洛阳城里有个书生，名叫常大用。他特别喜欢牡丹花，听说曹州的牡丹好，就跑到那里，找了家旅店住下，等着牡丹花开。当时是二月天，牡丹花刚长叶子。常大用天天对着牡丹花枝看。为了留在这里等花开，他把身上值钱的东西都当了，最后连冷天穿的衣服都当了。

一天，常大用又来看花，在这里碰见一位老太太和一位姑娘（见图）。这姑娘名叫葛巾，她和常大用两个人一见钟情，为了爱，葛巾跟着常大用私奔到了洛阳。

后来，葛巾又促成妹妹玉版和大用的弟弟大器的婚事，两家的小日子过得红红火火。只是姐妹俩从来不提自己的身世，只说家里姓魏，母亲是曹国夫人。大用听了心里奇怪：这家人一下子丢了两个女儿，怎么也不找呢？于是他又去了趟曹州。当他问起曹国夫人是何许人也，当地人笑着指给他一株高大的牡丹花。常大用这才明白，原来自己和弟弟的妻子都是牡丹花变的。

葛巾看出了大用已经知道她的来历，难过地对大用说：

葛巾牡丹

"既然你已经知道了我们的身世，那我们就要走了。"临走前，葛巾和玉版把两个孩子放在地上，就飘然而去了。儿子一转眼也不见了。

一年后，在她们放过儿子的地方，长出两株牡丹来。一夜的工夫，花株就有一尺高了。当年开花，一紫一白。那花朵大得像盘子一样，色泽鲜艳无比。这就是名贵的"葛巾"和"玉版"。

尧王访舜

远古时候，中原地区有个勤劳俭朴、爱惜百姓的好国君，名字叫尧。尧穿的是粗布衣，吃的是糙米饭，喝的是野菜汤，住的是茅草棚。尧在位整整一百年，为老百姓做了很多好事。后来，尧老了，儿子又不成器，他就到处打听贤能的人，打算把王位传给他。

有部落的首领向尧推荐了一位叫舜的人。这位舜幼年丧母，后母常常虐待他，但他对后母和父亲，以及他们所生的子女都十分关心爱护。可那个后母却总看他不顺眼，常常虐待他。舜在家里实在待不下去，只好逃到历山，在山脚下搭了个草棚，开点荒地种着，一个人孤独地过着日子。有时看到小鸟在歌唱，他就唱起自编的歌曲，自得其乐。日子久了，附近的农民喜欢上了舜，也学着他的样子，处处做好事。后来舜去打鱼，渔夫们在他的感染下，也都谦虚礼让起

尧王访舜

来。舜去做陶器，做木工，不论他在哪里，做什么，他所去的地方，第一年就发展成了村庄，第二年变成镇，第三年就成了都会，而且社会安定，治安良好。

尧听到有这么一个人，非常高兴。他亲自去拜访舜（见图），发现舜确实是个有才干有品德的好青年，就决定把王位让给这个普通农民，并把自己的两个女儿娥皇、女英都嫁给舜做了妻子。

舜做了几十年国王，把百姓治理得平安富足。临终时，也像尧一样，没有把王位传给只会跳舞的儿子商，而是传给了善于治水的禹。尧舜禹大公无私的品德，一直为后人所称道。

辕门射戟

故事出自《三国演义》。这一日，袁术派纪灵攻打驻扎在小沛的刘备，又怕住在附近徐州的吕布出兵救援，就给吕布写了封信，意思是让他不要管闲事。

刘备这边自知抵挡不住袁术，也给吕布去信，请求支援。吕布认为听谁的也不好，最后想了个两不得罪的好主意。

吕布把刘备、纪灵叫到自己的营中，设宴款待。他对二人道："我生平不好斗，却好解斗。你们看在我的面子

辕门射戟

上，罢兵了吧。"刘备当然是求之不得，可纪灵不干。他道："我受主公之托，前来捉拿刘备，怎能你说罢兵就罢兵呢？"吕布见状大怒，吩咐小校道："拿我的方天画戟来！"他提戟在手，说道："你两家打还是不打，我说了不算，听天由命如何？"然后命左右把方天画戟远远地插在辕门之外。对刘备、纪灵道："辕门距此一百五十步开外。现在我要用箭射那画戟的小枝。我若射中，你两家就此罢兵。我若射不中，任凭你们厮杀，我两不相帮。有不听我话的，我先把他灭了！"刘备无话，纪灵认为射不中，也同意了。于是三人各饮了一杯酒。酒罢，吕布取出弓箭，挽起袍袖，搭上箭，拉满弓，口中喝道："着！"只见弓开如秋月行天，箭去似流星落地。好个人中吕布，这一箭正中画戟的小枝。四下齐声喝彩。

次日，三处军马尽撤，避免了一次厮杀。

斩蔡阳

这是《三国演义》里关于关羽的一个故事。

关羽护着刘备的家属，过五关斩六将，好不容易来到一个叫古城的小城下。一打听，人说前日有个胡子将军占了此城。关羽估计这是自己的兄弟张飞，大喜过望，忙叫人进城通报。

张飞一听城外是关羽，怒气冲天地出了城，指着关羽的鼻子大骂他背叛结义，降了曹操。关羽知道张飞是误会自己了，忙请两位嫂嫂解释，张飞只是不听。

正说话间，曹将蔡阳带领人马追了过来。张飞一见，对关羽道："你看，曹军支援你来啦！"关羽回头一看，就对张飞道："贤弟，你等着，我斩了来将以表我心。"张飞道："好，我这里为你擂鼓助威。三通鼓罢，要你把人头交来。"关羽答应了一声，举刀回马，向蔡阳迎去。一通鼓没敲完，这边手起刀落，蔡阳人头早已落地（见图），张飞才知确实错怪了关羽。

斩蔡阳

三英战吕布

　　故事出自《三国演义》。在曹操的号召下，十几路人马集在一起，推举袁绍为盟主，准备讨伐董卓。董卓听到消息，派了他的义子吕布到虎牢关迎战诸侯。吕布武艺过人，又骑一匹好马名曰"赤兔"，素有"人中吕布，马中赤兔"之说。大家轮番与吕布大战，竟无人能敌。

　　此时刘备还不具备独挑的能力，与两个弟弟关羽、张飞在北平太守公孙瓒手下当差。公孙瓒也参加了围攻吕布的战役。一日，公孙瓒被吕布追击，刚要赶上，张飞从旁里杀

三英战吕布

出，挺着丈八蛇矛向吕布刺来。吕布放过公孙瓒来战张飞，连斗五十回合不分胜负。关羽见状，抢起八十二斤重的青龙偃月刀来夹攻吕布（见图）。战到三十回合，仍不能胜吕布。刘备举着双股叉也来参战。在三人轮番攻击下，吕布渐渐不敌，他找了个空子，冲开阵脚，往自家阵营跑去。虎牢关上一顿滚木礌石，挡住了刘关张三人，吕布得以进关。

梅妻鹤子

　　林逋是杭州人，宋朝著名的隐士。这位隐士生性淡泊，

梅妻鹤子

不追逐名利，不阿谀奉承。宋真宗听说他的名气，命地方官供养着他。这样，他可以无官一身轻地游历江湖，写诗作画。他写诗填词常常是一挥而就，写完了随手就撕去。有人问为什么不留给后人，他道："我连现在都不想出名，何况死后呢。"

林逋既不娶妻，也不生子，但酷爱梅花和仙鹤。他的屋前屋后栽有三百棵梅花。"疏影横斜水清浅，暗香浮动月黄昏"就是他的名句。他还有只仙鹤，名叫"鸣皋"。每逢有客人来而林逋外出了，童子就放开"鸣皋"去找他。林逋看见鹤，就知道有客人来了，立即回家。因此，人们常称他有"梅妻鹤子"。

飞索套宗保

这是一段关于穆桂英的故事。北宋末年，北面的辽国常常入侵中原。朝廷委派杨家老将杨继业的六儿子杨延昭把守边关重镇瓦桥等三关。杨延昭在这里屡破辽军。

这一年，辽国派大将萧天佐领兵三十万来犯。辽军在地形险要的九龙谷谷口布下易守难攻的"天门阵"。杨延昭不认识这个阵，便派人去五台山请已经出家的自己的五哥前来帮忙，同时派孟良去穆柯寨借降龙木以破"天门阵"。谁知被穆柯寨主之女穆桂英打得大败。

杨延昭的儿子杨宗保正好押运粮草路过这里，听说孟

飞索套宗保

良败在一个黄毛丫头手下，便单枪匹马前去挑战。穆桂英
见到他，便问他是何人。杨宗保道："我乃杨家将先锋杨宗
保。"穆桂英讥笑道："先锋？你不在边关抗敌，跑到这里
来做什么？"杨宗保把枪一横："要破辽军的'天门阵'，
需用降龙木，我是来取降龙木的。"说罢，挺枪跃马，直取
穆桂英。两人打了一阵，穆桂英见杨宗保年轻英俊，武艺超
群，不觉起了爱慕之心。为了不伤到他，就使了个拖枪之
计，骗得杨宗保紧紧追赶。好穆桂英，只见她悄悄取出红罗
套，趁杨宗保不备，猛然一回身，将杨宗保套个正着（见
图）。杨宗保翻身落马，被穆桂英一把抓住。

这一套一抓，竟然套出一段好姻缘来。

过通天河

一看师徒四人，就知道故事出自《西游记》。

在去西天取经的路上，师徒四人碰到了一条大河，名叫通天河。这河宽八百里，波涛汹涌，水流湍急。四人眼看无法过去，只好到附近的村子里暂时住一晚。

可是当他们来到一户陈姓人家时，却发现一家人都在哭泣。一问之下才知道，这河里有个水怪叫灵感大王。它每年要吃掉村里一对童男童女，不然就兴风作浪。今年该着陈家的孩子去喂灵感大王，故此一家人伤心欲绝。

孙悟空等安慰了陈家人后，就和猪八戒两人施法，孙悟空变作童男，猪八戒却变作一个胖姑娘，二人来到灵感大王庙等那妖怪。

那妖怪哪里是老孙的对手，何况还加了猪八戒，刚打了两下就输了，只好化作一股风逃跑了。

第二天，通天河竟然冻上了厚厚的冰，正在发愁过河的唐僧等人兴高采烈地上了冰，打算走过河去。谁知刚走到河中央，突然间冰面裂了个大口子，老孙等三人有武功的倒没事，可唐僧却掉到了河里。原来这是妖怪的一个计策。

孙猴子没辙了，只好又去求助南海观音。原来这妖精是观音养鱼池里的一条鱼，日久成精了以后逃到人间作威作

过通天河

福。观音把它收走，三人救出师傅唐僧。可通天河那么宽，怎么过去呢？正在发愁，河里游来一只大海龟，它是这条河的原住民，几年前被妖怪给赶走了。为感谢唐僧师徒四人，它自愿驮他们过河。

在陈家庄全体村民的欢送下（见图），四人登上龟背，顺利渡过通天河。

马跃檀溪

　　故事出自《三国演义》。刘备有匹好马名叫"的卢"。这匹马原为刘表手下降将张武所有，后来张武造反，走投无路的刘备正好以同为皇室宗亲的身份与刘表认了亲戚并投靠刘表，这个时候便主动请缨亲征。等到短兵相接，刘备望见张武坐骑"极其雄俊"，大为赞赏道"此必千里马也"，赵云即时领会了主公的意图，挺枪而出，"不三回合"，便斩将夺马。等到凯旋班师，刘表见了这匹马，也赞不绝口。刘备正愁无法报答刘表，于是欲将此马送给刘表。不料，刘

马跃檀溪

表谋士蒯越认为此马"眼下有泪槽，额边生白点，名为'的卢'，骑则妨主"。还说"张武骑此马而亡"就是证明，吓得刘表赶紧找借口还给了刘备，于是这匹战马又跟随了刘备。刘表的幕宾伊籍将此马"妨主"的消息透露给了刘备，刘备却不予采纳。后来蔡瑁欲设计谋害刘备，伊籍又向刘备报信，刘备慌忙从酒席中逃走，骑上的卢却是慌不择路走错了路，结果便来到了檀溪。前是阔越数丈的檀溪，后是追兵，刘备在这个时候才想起伊籍"的卢妨主"的劝告，一边疯狂地抽打着的卢一边大叫："的卢，的卢！今日妨吾！"那马忽然从水中踊身而起，一越三丈，飞上对岸，完成了的卢最富传奇意义的演出（见图）。这之后刘备更加不相信"的卢妨主"的预言了，对这匹救命的宝马无限珍爱。后来出兵入蜀之际因见庞统坐骑老弱，为了显示自己对庞统的重视而将自己珍爱的宝马的卢赠送给了庞统。谁知庞统无福消受，刚骑上的卢便被敌人当作刘备在落凤坡被乱箭射死，从此的卢马也失去了踪迹。

玉堂春

故事出自《警世通言》。相传在明朝正德年间，礼部尚书之子王景隆来京城读书，某日遇见名妓玉堂春。两人情投意合，相见恨晚，发誓要结为夫妻，白头到老。一年后，王景隆几万两银子都入了老鸨的腰包。老鸨一看王景隆再也榨

玉堂春

不出油水来，就把他扫地出门了。王景隆沦落街头，只得靠乞讨过日子。

玉堂春听说在大街上看见王公子，急忙拿出自己的积蓄，还让他赶紧回南京老家用功读书，考取功名。

王公子听话地走了，玉堂春为他守节拒不接客。老鸨见她不能当摇钱树了，就把她卖给一个山西商人沈燕林为妾。

沈的妻子皮氏与人私通，被沈察觉后竟勾结奸夫谋杀亲夫。沈燕林死后，皮氏诬陷玉堂春，说人是她杀的。县官受了皮氏的贿赂，将玉堂春问成死罪，解至太原三堂会审。

王景隆回家后发奋读书,科举中第,做了八府巡按使。这一日巡查到太原,正碰上玉堂春的案子会审。王景隆一看,被判死刑的正是玉堂春,大吃一惊。他换上便衣明察暗访,搞清了案子的始末,于是传令升堂复审。面对着下面戴着镣铐的玉堂春,王景隆半天说不出话来(见图)。两位陪审官看出了王景隆的情绪,又了解了案子的实情,遂使冤案平反。二人还替王景隆做媒,使这两个有情人终于得以团圆。

王佐断臂

南宋时,入侵的金兀术有一义子名叫陆文龙,这年十六岁,英勇过人,是岳家军的劲敌。其实陆文龙本是宋朝潞安州节度使陆登的儿子,金兀术攻陷潞安州,陆登夫妻双双殉国。金兀术将还是婴儿的陆文龙和奶娘掳至金营,收为义子。陆文龙对自己的家世完全不知。一日,岳飞正在思考破敌之策,忽见部将王佐进帐。岳飞看见王佐脸色蜡黄,右臂已被斩断,忙问发生了什么事。原来王佐打算只身到金营,策动陆文龙反金。为了让金兀术不猜疑,才采取断臂之计。

王佐连夜到金营,对金兀术说自己主张议和,而岳飞听了大怒,命人斩断他的右臂,并行命他到金营通报,岳家军即日要来生擒狼主,踏平金营。要是不来,岳飞要斩断他的另一只臂(见图)。

王佐断臂

　　金兀术同情他，叫他"苦人儿"，把他留在营中。王佐利用能在金营里自由行动的机会，接近陆文龙的奶娘，说服奶娘，一同向陆文龙讲述了他的身世。陆文龙知道了自己的身世后，决心为父母报仇，诛杀金贼。王佐指点他不可造次，要伺机行动。

　　金兵此时正运来一批轰天大炮，准备深夜轰炸岳家军营，幸亏陆文龙用箭书报了信，使岳家军免受损失。当晚，陆文龙、王佐、奶娘投奔宋营。王佐断臂，终于使猛将陆文龙回到宋朝，立下了不少战功。

吕布杀丁原

　　这是《三国演义》里的事情。西凉刺史董卓进京后，挟天子以令诸侯。因为他握有重兵，人人惧怕。一次，董卓召集百官商量废少帝立陈留王之事，荆州刺史丁原出面阻止。董卓大怒，正要当场杀了他，见一位青年武将横眉立目站在丁原身后，就没敢动作。事后人家说那青年武将是丁原的义子吕布，武艺高强，无人能比。董卓正想着怎么除掉丁原，手下一人李肃告诉他，吕布有勇无谋，而且见利忘义，可以

吕布杀丁原

收买。董卓一听甚为高兴，就让李肃带上他的"赤兔"马和黄金万两，明珠数十颗，玉带一条，去收买吕布。

果不其然，吕布一见好马黄金，又有李肃吹牛说自己在董卓那里如何受重用，就动心了。

是夜二更十分，吕布提刀来找丁原（见图）。丁原正在灯下看书，见吕布进来，问道："我儿来此有何事情？"吕布道："我一个堂堂的大丈夫，凭什么当你的儿子！"丁原正吃惊时，早已被吕布将首级割下。第二天，吕布带着部分兵马投了董卓。

铡美案

十年苦读的陈世美进京赶考，中状元后被仁宗招为驸马。妻子秦香莲久无陈世美音讯，携儿带女上京寻夫，但陈世美不但不肯与其相认，反而还派手下人半夜追杀她们母子。在陈世美的授意下，秦香莲被发配边疆，半途中官差奉命杀她，幸亏被展昭所救。陈世美假意接秦香莲回驸马府，又以二子逼迫秦香莲在休书上盖印。

秦香莲没有办法，只好再次当街拦轿喊冤，正被开封府尹包拯碰上。包拯让她写个状子带到开封府大堂。可当包拯升堂看状时，见是一张白纸。问那秦香莲，说是因为状告驸马，无人敢写。包拯愤怒之极，就让他的吏官代写了状纸。状纸写好，包拯正要传陈世美，他却自己来了。包拯通过展

铡美案

昭找到人证物证，抓住陈世美就欲定罪（见图），乐平公主
与太后听闻，急忙赶来阻挡。包拯看在二人面子上，就让人
取来自己的奉银三百两交给秦香莲，让她回家去过日子。秦
香莲一见，失声痛哭道："人都说包公是青天，谁知道还是
官官相护啊！"这句话如晴天霹雳，羞得包拯无地自容。他
摘下自己的乌纱帽说道："我拼着这个官不做了，也要为你
申冤！不斩了陈世美，我枉为包青天！"终于当着众人的
面，将陈世美送上龙头铡。

张飞遇害

　　这是《三国演义》后期的故事了。关羽大意失荆州，又被东吴抓住杀了。张飞听见噩耗，放声痛哭，每天咬牙切齿发誓报仇。

　　刘备听到关羽的死讯，不顾诸葛亮劝阻，发兵讨伐东吴。张飞接令，让军中置办白衣白旗，并限三日内办好。军需官范疆、张达请求宽限二日，张飞大怒道："我恨不能今天就出兵讨逆，你们还要拖延！"让武士把二人绑在树上，一人打了五十鞭子，然后命他们明天办完。

张飞遇害

两人被抽得鲜血淋漓，躺在帐中商议："张将军的性子如此火爆，明天若是做不齐这些白衣白旗，非被他杀死。"张达道："岂不闻先下手为强，与其在这里等死，不如把他先杀了。"范疆道："如何靠近他呢？"张达道："他现在夜夜饮酒。要是我们命该不死，就让他今夜喝醉了。他要没喝醉，只好是我们死了。"

当夜，张飞果然又是大醉。范、张打探清楚了，就提上刀奔向大帐（见图）。进去一看，张飞睁着眼睛，吓了二人一跳。再一听鼾声如雷，才知道张飞睡觉是睁着眼的。于是斗胆向前，将刀子送入张飞腹中。可怜张飞一世英勇，却死于自己的粗暴之中。所以说性格决定命运，真是不假。

参考文献

[1] 贾珺. 北京颐和园 [M]. 北京：清华大学出版社，2009.
[2] 辛文生. 颐和园长廊画故事集 [M]. 北京：中国旅游出版社，1983.